아들 열 살이 되면 교육법을 바꿔라

OTOKONOKO WA 10-SAI NI NATTARA
SODATEKATA WO KAENASAI

Copyright ⓒ 2011 Nobufumi Matsunaga
All rights reserved.
Korean translation rights arranged with DAIWA SHOBO
through Japan UNI Agency, Inc., Tokyo and Korea Copyright Center Inc., Seoul.

아들 열 살이 되면 교육법을 바꾸러라

마쓰나가 노부후미 · 지음

김효진 · 옮김

중앙 books
JoongAng Ilbo

아들 열 살이 되면
키우는 방법을 바꾸자

—   "내 아이가 도저히 이해가 되지 않아요.
왜 가만히 있지 않고 놀아도 끝이 없는 거지요? 뭘 물어도 대답
도 잘 안 하고 '몰라' 라고 말하기 일쑤예요. 왜 이럴까요? 위의
누나를 키울 때와 너무 달라서 어떻게 해야 할지 모르겠어요."

만 6세 기원이 엄마는 상담실에 앉자마자 양육에서 힘든 점을
말하기 시작했다. 기원이 엄마는 얌전하고 자신의 일은 알아서
잘 해결한 누나를 키우다가 에너지 많고 자기 표현을 잘 하지 않
는 기원이를 키워 보니 힘들고 어렵다고 했다. 기원이 엄마뿐 아
니라 남자아이를 키우는 어머니들 중에서 이처럼 "누나 키울 때

와 너무 달라서 힘들다"는 이야기를 종종 하신다. 여기에는 물론 여러 가지 다른 이유가 있지만 주목해야 하는 것은 바로 남자아이와 여자아이의 차이점이다. 사실 상담을 하다보면 남자아이와 여자아이가 다르다는 사실을 느끼게 된다. 어떤 남자아이는 분홍색만 봐도 "에이, 이건 여자색이니까 안 가지고 놀 거야"라고 하기도 하고, 인형들을 보면서 "이건 여자들이 가지고 노는 거잖아요"라면서 놀이하는 것을 거부하기도 한다. 남자아이들은 처음 상담실에 들어오면 거의 대부분 자동차, 총, 칼, 로봇 장난감에 관심을 가지고 놀이를 하려고 하지만, 여자아이들은 이런 장난감을 쳐다보지도 않는다. 남자아이들은 자신의 생각을 말로 표현하는 것을 어려워하고 거의 대부분 '몰라요'로 일관하는 경우가 많지만, 여자아이들의 경우에는 이것저것 자신의 감정, 힘들었던 일들에 대해 곧잘 말로 표현하고 때로는 눈물을 흘리기도 한다.

이처럼 남자아이와 여자아이는 상담자를 대하는 태도, 이야기하는 내용, 장난감을 선택하고 놀이하는 내용, 관심사 등에서 모두 차이점을 나타낸다. 이는 기본적으로 남자와 여자는 생물학적으로 다르기 때문이다. 이런 차이점을 인정하지 않고 남자아

아들 열 살이 되면 교육법을 바꿔라

이를 여자아이처럼 이해하고 대해도 문제가 되고 여자아이를 남자아이처럼 이해하고 대해도 문제가 된다. 사실 상담을 하면서 많이 안타까운 것이 바로 이런 이해가 가정과 학교 현장에서 간과되고 있다는 점이다. 집에서는 아들의 특성을 이해하지 못한 엄마에게 매일 혼나게 되고, 학교에서는 선생님들의 여초현상이 심화되면서 얌전하고 말 잘 듣는 여자아이들은 사랑받고 인정받지만 에너지 많고 잘 통제되지 않는 남자아이들은 항상 지목의 대상이 되어 꾸중을 듣거나 벌을 서는 일들이 많아지고 있다. 이에 초등학교 고학년 남자아이들에게서 "담임선생님이 여자아이들만 편애를 하고 나만 자꾸 혼을 낸다"는 이야기를 종종 듣게 된다. 게다가 한 반에서 남자아이들만 여러 명 상담을 오는 경우도 있었다.

우리가 살고 있는 현 시대는 어쩌다보니 남녀 간의 차이가 존중되지 않을 때, 여자아이들보다 남자아이들이 더 상처받고 문제시되는 사회가 되어버렸다. 그렇다면 여자아이와는 차이점이 있는 남자아이를 가정과 사회에서 상처받지 않도록 어떻게 키워야할까? 예전처럼 남자아이들에게 '남자는 일생에 단 세 번만 울어야 한다'는 식으로 감정표현을 허용하지 않고 참는 것이 남자다운 것이라고 가르치는 것이 맞는 것일까?

사실 그동안 많은 아동교육서가 발간되었지만 일반적인 발달 과정이나 문제 행동에 대해 다루는 것이 대부분이었지 이러한 남녀 차이를 기본으로 하여 남자아이를 어떻게 다루어야 하는지에 대한 속 시원한 해답을 주는 책은 드물었다. 이에, 이 책이 번역되어 소개되는 것이 무엇보다 반가운 마음이 든다. 저자는 그동안 많은 아이들을 만난 경험을 바탕으로 하여 엄마가 남자아이를 다루는 노하우에 대해 잘 소개하고 있다. 특히나 왜 남자아이들이 엄마 앞에서 입을 다물 수밖에 없는지에 대해서는 심리적 이해를 바탕으로 하여 생생하고 논리적으로 설명하고 있고, 반항기에 있는 아들을 잘 훈육할 수 있도록 구체적인 방법까지도 소개하고 있어 아들을 키우는 부모님들에게 많은 도움이 될 것이라 기대된다. 또한 저자는 그동안 스타강사로 일본의 아이들을 좋은 대학에 보냈던 경험을 기반으로 하여 공부하지 않는 것으로 자신의 반항을 표현하는 아들을 잘 다룰 수 있는 방법을 제시한 것도 이 책이 가지고 있는 장점이라고 볼 수 있겠다. 물론, 남자가 여자에게 버림받지 않고 결혼 상대자로 잘 선택받을 수 있도록 집안일을 잘 거들고 자상한 인기남으로 키워야 한다는 저자의 관점은 아직 어린아이를 키우는 부모 입장에서는 다소 낯설고 먼 이야기처럼 느껴질 수는 있으나 이 또한 고려해봐야 하는 신선한 관점으로 여겨진다.

이 책은 아이들의 문제 행동이 아닌 일반적인 남자아이들을 키우는 방법을 다루고 있어 아들을 키우고 있는 많은 부모님들께 도움이 될 것이라 생각된다. 이 책이 모호하고 답을 몰라 당황스러울 때가 많은 양육 상황에서 부모님들께 좋은 길잡이가 되어주기를 기대해본다.

원광아동상담센터 소장
이영애

제1장

남자아이가
입을 다무는 이유

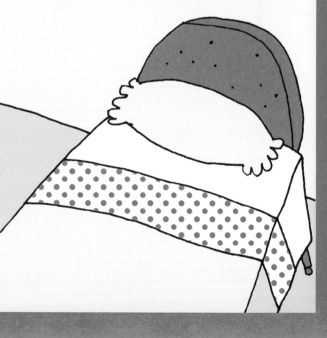

아들의 반항기부터 이해하라

　　　　　　　　　　　　　아이의 성장과정을 돌아보자. 아이가 막 태어났을 무렵 엄마와 아이는 한 몸이나 다름없다. 아이는 엄마를 세상에서 유일한 존재처럼 제일 잘 따른다. 엄마가 보이지 않으면 이내 울음을 터뜨리고 엉금엉금 기면서 엄마 뒤만 졸졸 따라다니던 기억을 떠올리는 분도 많을 것이다.

　그런 엄마와 아이 사이에 변화가 나타나는 것은 두 살 무렵이다. '1차 반항기'라고도 불리는 이 시기에 아이는 엄마가 하는 말에 뭐든지 "싫어"라며 떼를 쓴다. "싫어"라는 말 속에는 '나도 이젠 아기가 아냐, 내 일은 내가 알아서 하게 내버려둬'라는 속 내가 담겨 있다. 자아가 싹트고 엄마와 내가 다른 인간이라는 사실을 처음으로 깨닫는 시기이다.

하지만 여전히 아이는 작고 여린 싹이다. 초등학교에 입학해 친구들이나 선생님과 관계를 맺으며 쑥쑥 자라나 진정한 의미의 자립이 시작되는 때가 바로 반항기이다. 반항은 '난 이제 더 이상 아이가 아냐, 당당한 어른으로 인정받고 싶어'라는 마음의 외침이다.

동시에 아이들은 부모가 부모이기 이전에 한 사람의 인간이라는 사실을 깨닫고 자신의 부모가 과연 어떤 인간인지 면밀히 파악하기 위한 반발을 시도한다. 이제껏 절대적인 권력자였던 부모가 얼마만큼의 능력을 지닌 인물인지를 반발이라는 형태로 시험하는 것이다. 다만, 반항의 정도에는 개인차가 있어서 부모의 가슴을 아프게 할 만큼 반항기가 심한 경우가 있는가 하면 시간이 지나 '아마 그때가 반항기였던 것 같아'라고 할 만큼 쉽게 지나가기도 한다. 간혹 반항기가 없었다는 이야기도 듣는다.

그 차이는 어디에 있을까? 물론 아이의 천성일 수도 있지만 대개 정도의 차이는 '부모의 태도'에서 기인한다. 혹시 당신은 내가 낳은 아이니까 무슨 말을 하든 괜찮다고 생각하고 있지 않은가? 그런 생각 때문에 무의식중에 아이에게 해선 안 될 말을 하고, 지켜야 할 선을 넘고 마는 것이다.

아이가 그어놓은 선을 부모가 마음대로 넘다보면 충돌이 일어난다. 이것이 '반항기'에 벌어지는 다툼의 실체이다.

예를 들어 보자. 사람은 저마다 '퍼스널 스페이스'라고 불리는 개인 공간이 있다. 퍼스널 스페이스란 타인과 관계를 맺을 때 본인이 느끼는 쾌적한 거리를 말한다. 그 거리는 대상에 따라 바뀌는데 가족이나 연인과 같이 친밀한 관계라면 45센티미터, 친구의 경우는 45센티미터에서 120센티미터라는 구체적인 숫자까지 제시되고 있다. 예를 들어, 만원 전철이 불쾌한 것은 모르는 사람과의 거리가 너무 가까운 탓이다. 내가 고수해 온 나만의 공간이 침범당했기 때문이다.

퍼스널 스페이스는 공간적 개념이지만, 사람의 마음속에도 타인에게 침해받고 싶지 않은 영역이 있다. 처음 만나는 사람이 개인사를 꼬치꼬치 캐물으면 불쾌함을 느끼듯 말이다.

가족 간에도 마찬가지이다. 아무리 친밀한 사이일지라도 개인에게는 누구도 들여놓고 싶지 않은 자신만의 영역이 있게 마련이다. '일에 관해서는 참견하지 말았으면 좋겠다'라든지 '휴대전화를 훔쳐보는 건 질색이다'라는 이야기를(딱히 숨기는 게 없더라도 말이다) 한다면 그것은 일이나 휴대전화가 마음속의 퍼스널 스페이스를 상징하기 때문이다.

아이가 마음속에 개인 공간을 확립하는 시기가 다름 아닌 사춘기이다. 사춘기가 되면 아이는 부모가 멋대로 자신의 영역에 들어오지 못하도록 주위에 벽을 쌓는다. 의식적으로 그렇게 하는 아이도 있을 테고 무의식적으로 그러는 아이도 있다. 이유야 어찌됐든 이러한 행위는 자립을 향한 첫걸음이다.

"혼자 할 수 있으니까 제발 가만히 내버려 둬."

아이는 벽을 쌓아놓고 죽을힘을 다해 발버둥치고 있는 것이다. 부모라면 누구나 아이가 사회인으로 자립하기를 바란다. 벽을 쌓는 아이의 행동 즉, 반항한다는 것은 아이의 성장 과정 중에 찾아온 마땅히 환영해야 할 변화이다.

예를 들어, 아기가 혼자 걸으면 부모는 무조건 기뻐한다. '이를 어떡하지, 걷기 시작하다니' 하고 슬퍼하는 부모는 없다. 반항기도 성장의 과정이라는 의미로 보면 마찬가지이다. 스스로 일어나 걸으려는 아이를 보고 '큰일났네, 반항기가 온 걸까' 하고 부모가 탄식하는 것은 이치에 맞지 않다.

그런데도 엄마들은 대개 반항기가 온 것을 안타까워한다. 아이가 애써 홀로서기를 하려고 벽을 쌓고 있는데 당치도 않다는 듯 서슴없이 벽을 무너뜨리고 멋대로 아이의 영역을 침범한다. 이래라저래라 온갖 참견을 하다 끝내 침입을 거부하는 아들과 다툼이 벌어진다. 이것이 반항기의 발생과정이다.

아이가 심하게 반항적인 태도를 보이는 원인을 들여다보면 엄마의 언행에 문제가 숨어 있다. 엄마가 아이를 대하는 태도를 바꾸지 않는 한, 아이의 반항은 더욱 거세질 뿐이다. 냉정하게 들릴지 모르지만, 그 점을 먼저 깨달아야 한다.

"부모로서 아이 뒷바라지를 하는 게 당연하지, 뭐가 잘못됐다는 거죠?"

이렇게 반문하는 사람도 있을 것이다. 그렇다면 과연 언제까지 아이의 뒷바라지를 할 생각인가? 결혼할 때까지? 영원히? 당연히 그럴 수는 없다.

또 한 가지, 기억해야 할 것은 아들은 북방여우가 어미 품을 떠나듯 아이는 때가 되면 부모와 떨어져 넓은 세상을 향해 나아갈 것이라는 사실이다. 하물며 결혼해서 가정을 꾸리면 제 아내의 영역 속으로 들어가 더욱 먼 존재가 될 것이다. 언젠가 그런 날이 오리라는 생각은 머릿속 어딘가에 있지만 사랑스러운 아이를 떼어놓고 싶지 않은 부모의 마음이 판단력을 흐려놓는다.

그러나 반드시 명심해야할 것이 있다. '간섭은 자녀의 자립을 방해하는 어리석은 행위'라는 사실이다. 곰곰이 생각해보자. 아이가 자립해서 둥지를 떠나지 않는 한 육아는 끝나지 않는다.

아들이 입을 다무는 이유는 무엇일까?

―　　　　　어릴 때는 "엄마! 있잖아, 오늘 말이야" 하고 미주알고주알 이야기했던 아들이 반항기가 되면 조개처럼 입을 굳게 다문다. 말을 걸어도 들리지 않는 양 무시하기 일쑤이다.

아이가 말을 하지 않는 이유는 엄마의 잔소리가 듣기 싫어서이다.

아침이면 아이가 이불 속에 있을 때부터 "빨리 일어나지 못해!"라며 언성을 높이고 "세수는 했니?" "준비물 잊어버리면 안 돼" "서두르지 않으면 지각이야, 얼른 학교 가"라며 집을 나설 때까지 아이를 닦달한다. 학교에서 돌아오면 "숙제는 다 했니?" "교복을 아무 데나 벗어놓으면 어떡해" "텔레비전 그만 보고 공부해" "또 문자메시지야? 누구한테 온 거니?"라며 온종일 아이를 들들 볶는다.

"말을 듣지 않으니 어쩌겠어요, 부모가 주의를 주는 게 당연한 거 아닌가요?"

이렇게 반문하는 사람도 있겠지만 나를 포함한 대부분의 남자들은 가끔 고장 난 수도꼭지처럼 생각나는 것을 쉴 새 없이 쏟아내는 여성 특유의 화법을 마주하면 당황스럽다. 심지어 아이를 나무랄 때 지난 일까지 줄줄이 늘어놓다보니 나중에는 전혀 다른 일로 화를 내고 있는 경우도 종종 본다.

나는 직업상 다양한 유형의 엄마들과 이야기를 나누게 되는데, 대개 스스로도 아이에게 잔소리가 심하다는 것을 잘 알고 있다. 그럼에도 불구하고 잔소리를 하지 않을 수 없다고들 한다.

"잔소리는 죽어도 고쳐지지 않는 팔자걸음이나 마찬가지예요"라고 말하는 엄마도 보았다. 고쳐야 한다는 것은 잘 알고 있지만 여간해서 고쳐지지 않는다고 말한다. "못 고치는 걸 어쩌겠어요?"라며 오히려 큰소리치는 여성도 있을 정도니 단단하게 뿌리가 깊은 습관이다.

그런 엄마 앞에서 반항기 아들이 할 수 있는 저항이 바로 '침묵'이다. 잔소리가 길어지기 전에 입을 꾹 다물고 자기 방에 들어가는 것이 상책이라고 생각하는 것이다. "나도 생각이 있으니까 제발 잔소리 좀 그만해" 하고 질색하는 아이의 심정을 헤아려주자.

또 다른 침묵의 원인으로는 남녀의 사고(思考)와 논법의 차이를 들 수 있다. 여성은 대체로 남성에 비해 감성적 공감이 크고 생각하는 속도가 느리기 때문에 같은 여성끼리 대화를 나눌 때면 '그러니까' '그래서'와 같은 '순접(順接)'으로 이야기를 이어가는 경향이 있다. 이를테면 조금 전 이야기와 지금 하고 있는 이야기에 일관성이 없어도 아무렇지 않게 "그렇지, 그랬구나" 하고 맞장구를 치는 일이 있지 않은가?

반면에 남성은 '하지만' '그래도'와 같은 '역접(逆接)'을 주로 사용한다. 말에 앞뒤가 맞지 않으면 기분이 영 개운치 않다. "조금 전 이야기와 다르잖아" 하고 반론을 제기하기도 한다.

어릴 때는 엄마와도 위화감 없이 대화를 나누지만 자라면서 빠르고 논리적인 언어 전개방식이 몸에 익으면 여성 특유의 사

아들 열 살이 되면 교육법을 바꿔라

고와 논법을 견디지 못한다.

　대부분의 성인남성들이 그렇게 느낄 테지만 여성 특유의 다정다감하고 사랑스러운 매력을 보고 너그럽게 이해한다. 하지만 어린아이에게는 아직 그런 아량이 없기 때문에 엄마 말에 조바심을 내고 결국에는 듣기 싫다며 제지하려 들거나 아예 무시하는 것이다.

엄마의 습관이
아이의 반항을 부추긴다

엄마와 아들의 관계를 생각하면 일본의 국민 만화 〈사자에 상(サザエさん)〉의 한 장면이 떠오른다. 등장인물은 여든 가까운 엄마와 언뜻 보기에도 나이가 지긋한 중년의 아들이다. 지하철 표를 사려는 엄마는 역무원에게 "어른 하나, 아이 하나요"라고 말한다.

"어머니, 전 이제 어린아이가 아니라고요."

중년의 아들이 나무라자 "아, 그랬지 참" 하고 엄마는 얼굴을 붉힌다.

이 만화에서처럼 엄마는 아들의 어릴 적 모습을 잊지 못

아들 열 살이 되면 교육법을 바꿔라

한다. 특히 아들을 키우면서 몸에 밴 습관은 좀처럼 바꾸지 못한다.

예를 들어, 세탁바구니에 아무렇게나 던져 넣은 옷가지를 깨끗이 빨아서 서랍에 넣어준다거나 매일 아침 늦잠을 자지 않도록 깨우는 일처럼 말이다. "숙제는 다 했니?" "이는 닦았어?" 하고 어린아이에게 하듯 지시를 내리기도 한다. 이제 막 자립하려는 아들에게 걸맞지 않은 습관이라는 사실 자체를 깨닫지 못한다. 인간은 본래 자신의 일에는 객관적인 시각을 갖기 어려운 법이라 아무 의심 없이 몸에 밴 습관을 되풀이하는 일이 자주 있다.

여성이 이해하기 쉬운 예로, 화장법을 들 수 있다. 거리에서 종종 새빨간 립스틱을 바른 여성과 마주칠 때가 있다. 빨간 립스틱이 유행하던 시기가 지났는데도 습관이 된 탓인지 본인은 깨닫지 못한다.

하물며 엄마와 아들 사이의 습관은 립스틱 색깔보다 훨씬 더 복잡한 사연이 있다. 화장법이라면 주변 여성을 관찰하거나 패션잡지를 들춰보면 철지난 유행이라는 것쯤 금방 눈치 챌 테지만 모자 간의 습관은 겉으로 드러나지 않기 때문에 달리 비교 대상이 없다. 습관을 바꿔야 할 시기가 와도 특별한 신호나 암시가

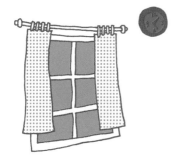

없는 한 알아차리지 못하는 것이 당연하다.

그렇다면 엄마가 스스로 적당한 때를 가늠하고 모자 관계를 재점검하는 수밖에 없다. 그 시기가 다름 아닌 반항기이다.

반항기가 시작된 아들에게 어릴 때 하던 습관을 그대로 되풀이하는 엄마는 귀찮고 답답한 존재일 뿐이다. 성인이 되면 하나부터 열까지 자식 뒷바라지를 하고 싶어 하는 것이 모성이고 엄마라는 사실을 너그럽게 받아들일 테지만 반항기 아들에게는 그것을 헤아릴 만한 이해심이 없다.

문제는 머리로는 잘 알고 있지만 사랑스러운 아들의 얼굴만 보면 불쑥불쑥 옛날 버릇이 나온다는 엄마들이 많다는 사실이다.

그렇다면 과연 어떻게 해야 몸에 밴 육아습관을 바꿀 수 있을까?

첫 번째 단계는 자신과 아들을 객관적인 시각으로 바라보는 것이다. 앞서 소개한 만화의 한 장면처럼 지금 당신 눈에 비치는 것은 어릴 때와 변함없이 사랑스럽기만 한 아이의 모습일 것이다. 하지만 현실은 결코 전과 같지 않다. 먼저 그 점을 깨달아야 한다.

아들 열 살이 되면 교육법을 바꿔라

현실을 직시하고 지금의 아들에게 걸맞은 새로운 습관을 들이자. 그 시기는 반항기가 시작된 후에라도 늦지 않지만 조금 더 빨리 그러니까 아이가 초등학교 4, 5학년이 되는 만 열 살 무렵에 지금까지의 육아습관을 의식적으로 바꾼다면 반항기를 훨씬 쉽게 극복할 수 있을 것이다.

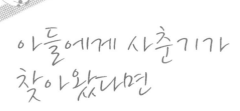

아들에게 사춘기가
찾아왔다면

— 　　　　　왜 하필 만 열 살을 육아습관을 바꾸어
야 할 전환점이라고 말했을까? 그 이유부터 설명하기로 하자.

만 열 살 무렵이면 남자아이의 몸에 아주 중요한 변화가 일어
난다. 바로 '발기'이다.

'설마 우리 애가…….' 여성인 당신은 이렇게 생각할지 모르
지만 발기는 아이가 어른이 되기 위해 겪는 당연한 과정이다. 여
자아이가 초경을 하는 것과 마찬가지로 발기는 남자아이가 남자
로 성장하고 있다는 소중한 증거이다.

발기는 빠르면 초등학교 3학년 경부터 시작된다. 남자아이의

첫 사정을 '정통(精通)'이라고 하는데 보통 초등학교 4, 5학년 즉, 만 나이로 열 살 무렵이면 정통을 경험한다. 이 때문에 열 살을 육아습관을 바꾸어야 할 전환점이라고 말하는 것이다.

물론 개인차가 있기 때문에 자녀의 신체변화에 맞춰 모자관계를 전환하는 것이 이상적이다.

이때 반드시 기억해야 할 것은, 발기는 엄마가 아무리 안달복달해도 개입할 수 없는 남자아이만의 영역이라는 사실이다.

이 점을 잊어서는 안 된다. 공부나 일상생활은 엄마가 관리할 수 있다고 쳐도 발기만은 도저히 관리가 안 된다. 아무리 막아보려고 해도 성장과정에서 불쑥 찾아오는 법이다.

이런 현실을 받아들이자. 아이는 '난 이제 더 이상 어린 애가 아니야. 간섭하지 말아줘'라며 신체적 변화로 호소하고 있는 것이다.

반항기가 절정에 이르는 중학생이라면 '아침 발기'를 한다. 자위를 경험한 아이도 많을 것이다. 부모 몰래 도색잡지를 숨겨놓거나 음란 사이트를 들여다보는 것도 전혀 이상한 일이 아니다.

요맘때 남자아이들의 머릿속은 온통 야한 상상으로 가득하다.

하지만 이것은 지극히 정상적인 발달과정이다. 엄마가 개입할 수 없는 어른의 세계에 발을 들인 아들에게 "얼른 씻어야지" "오늘 학교는 어땠니?"라며 어린애 취급을 하는 것도 모자라 아이가 싫어하는 것이 빤히 보이는 데도 끈질기게 간섭하고 바지런히 뒤치다꺼리를 한다.

한 발짝 떨어져서 들여다보면 그런 자신의 모습이 우습게 느껴질 것이다. 객관적으로 바라본다는 것은 바로 그런 것이다. 발기가 시작된 아들을 어릴 때와 똑같이 대하는 것은 이치에 맞지 않는다. 그 점을 꼭 기억해야 한다.

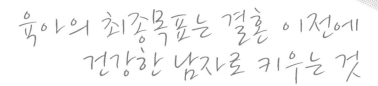

육아의 최종목표는 결혼 이전에 건강한 남자로 키우는 것

자신의 모습을 객관적으로 바라볼 수 있게 되었다면 다음 단계로 나아가자. 구체적으로, 어떻게 사고방식을 바꿀 것인가의 문제이다.

먼저 10년, 20년 후의 자신과 아들의 모습을 떠올려보자. 의젓하게 자라서 사회인이 된 아들은 착하고 예쁜 아내를 맞아 결혼을 했을 것이다. 귀여운 손자가 태어나 "할머니, 할머니" 하고 재롱을 떨면 새삼 자식 키운 보람을 느낀다. 노년의 즐거움도 훨씬 커질 것이다.

그런 행복한 상상을 현실로 만들기 위해서는 아들을 '결혼할 수 있는 몸과 마음이 건강한 남자'로 키워야 한다. 그 점이 아들을 건강하게 교육하는 목표 중에 가장 중요하다.

요즈음 비즈니스 사회에서 능력을 발휘하는 여성이 늘고 있다. 남성보다 여성의 우수성을 높이 평가하는 기업도 많다. 그러자 '변변찮은 남자와 평생을 사느니 결혼하지 않는 게 낫다'며 결혼에 부정적인 여성이 점점 늘어나 남성의 결혼 장벽은 전보다 더 높아졌다.

실제 일본의 경우, 2005년 국립사회보장 인구문제연구소에서 조사한 생애미혼율(50세까지 결혼하지 않은 비율)은 여성이 약 7%인데 비해 남성은 그 배가 넘는 약 16%에 달했다. 6명 중 1명꼴로 독신인 셈이다. 게다가 연대별 미혼남녀의 수를 비교해도 30대 남성 3명 중 1명이 남는다는 걱정스러운 보고도 있다.

이렇게 치열한 경쟁을 뚫고 여성의 선택을 받기 위해서는 조건이 있다. 그 조건은 무엇일까? 좋은 학벌? 고수입? 훤칠한 키? 모두 틀렸다. 요즘 세상에 그런 조건만으로 여성의 마음을 사로잡기란 불가능하다.

오늘날 여성이 원하는 것은 청소, 빨래, 요리 등 아내의 집안일을 함께 나눌 수 있는 남자이다. 게다가 육아까지 능숙하게 해낸다면 더할 나위 없을 것이다.

아들이 열 살이 지나면 여성들이 바라는 남자로 키우자. 청소, 빨래, 요리 등은 가능한 한 스스로 하게끔 한다. 품안의 자식을 떼어놓는 것 같아 섭섭한 마음도 들겠지만 아들이 행복한 가정을 일구기 위해서라고 생각하면 위안이 될 것이다.

생각만 하고 행동이 따르지 않으면 의미가 없다.

"오늘부터 엄마는 널 한 사람의 어른으로 대할 생각이야. 그러니까 앞으로 네 일은 네가 스스로 하는 거다, 알았지?"

이렇게 선언하고 방이 어질러져있어도 스스로 깨닫고 치울 때까지 내버려둔다. 빨래도 빨아서 널어주기는 해도 개지 말고 그대로 아이 방에 가져다 놓는다.

문제는 당신이 아들의 자립을 돕는 방향으로 의식을 바꿀 수 있는지 여부에 달려 있다. 화장법 이야기로 비유하면, 새빨간 립스틱이 철지난 유행이라는 사실을 깨닫는 것부터 시작해야 한다.

칼럼 ①

그날이 오기 전에 알아두자!
반항기의 주요 '증상'

- 뭐라고 묻든 "별로" "몰라" "귀찮아" "그래서?"
- 부모의 질문은 무시하고 방에만 틀어박혀 있다.
- 엄마의 간섭을 질색한다.
- "뭐라고 말 좀 해봐."
  끈질기게 물으면 물을수록 점점 입을 굳게 다문다.
- 부모에게 비밀을 만든다.
- 일단은 참지만 심하게 다그치면 폭발한다.
- 사춘기이기 때문에 머릿속에는 온통 야한 생각뿐이다.
- 여자 친구에게 관심이 많지만 잘 사귀지 못한다.

아들 열 살이 되면 교육법을 바꿔라

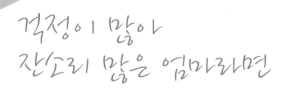

걱정이 많아
잔소리 많은 엄마라면

— 반항기는 아이가 자립하기 위해 꼭 필요한 과정이다. 부모에게 맞서면서 그들의 존재를 객관적으로 바라보게 되고 마침내 자립을 이루는 과정은 어떤 면에서 이상적인 성장스토리이다.

그래도 가능하면 너무 속 끓일 일 없이 아이의 반항기가 무난하게 지나가길 바라는 게 부모의 마음이다. 과연 아이를 어떻게 대해야 반항기를 순조롭게 극복할 수 있을까?

내 경험으로 미루어 볼 때 반항기를 악화시키는 엄마들은 몇 가지 유형으로 나뉜다. 가장 대표적인 유형이 걱정 많

아들 열 살이 되면 교육법을 바꿔라

고 참견 잘하는 엄마이다.

이런 엄마들은 대개 요리, 세탁, 청소 등의 집안일을 똑 부러지게 해내고 매일같이 학원에 아이를 데려가고 데려오는 일도 거르지 않는 이른바 현모양처형 엄마다.

겉으로는 흠잡을 데 없지만 반항기 아이에게는 엄마의 지나친 관심과 보살핌이 귀찮기만 하다. 게다가 모든 일상이 아이를 중심으로 돌아가기 때문에 아들을 보살피는 일이 삶의 유일한 낙이 되어버린다.

아이가 학교에서 어떻게 보내는지 궁금한 마음을 억누를 길이 없다. 그러다 보니 아이가 현관문을 열고 가방을 내려놓기 무섭게 "오늘은 어땠니? 왜 이렇게 피곤해 보여? 학교에서 무슨 일 있었어?"라며 꼬치꼬치 묻는다.

'학교에서 돌아온 아이에게 그 정도도 못 물어보나?'

이렇게 생각하는 분이 있다면 자신의 학창시절을 떠올려보자. 학교에 가면 이른 아침부터 오후 늦게까지 종일 수업을 받고 방과 후 클럽활동을 하는 아이도 많다. 수업이나 클럽활동 중에 담임교사나 지도교사에게 꾸지람을 들었을지도 모른다.

쉬는 시간에는 친구와 놀기도 하지만 싸우거나 놀림을 당하는 등 안 좋은 일도 일어난다. 하루 종일 온갖 일을 겪고 집에 돌아온 아이는 이미 머릿속이 건드리면 터질 듯한 포화상태에 이른다.

가정은 아이가 학교에서 짊어지고 온 '무거운 짐'을 내려놓는 곳이다. '후유' 하고 한숨 놓으려는 찰나 기다렸다는 듯 질문공세를 퍼부으면 화가 치밀게 마련이다. "시끄러워!" 이 한 마디만 남긴 채 제 방으로 직행하는 것도 이 즈음의 아이에게는 자연스러운 일이다.

아이가 공부할 때도 마찬가지이다.

"공부는 잘 되니?"

"국어가 약하니까 수학보다 국어를 집중적으로 하는 편이 낫지 않아?"

"글씨가 그게 뭐야, 찬찬히 다시 써봐."

아이 방을 수시로 드나들며 참견을 한다. 아이가 대답을 하지 않으면 더 끈질기게 말을 걸고 어쩌다 말대꾸라도 하는 날에는 "다 널 위해서 하는 말이야"라며 집중포화가 쏟아진다. "반항기 아들 때문에 마음고생이 이만저만이 아니에요"라며 하소연하는 엄마일수록 '잔소리 공격'도 거세다.

실제 내게 이렇게 호소하는 아이도 있었다.

"우리 엄마는 내가 공부만 하면 옆에 와서 이러니저러니 참견을 하는 통에 너무 시끄러워요. 아무리 말해도 못 알아듣는다니까요. 선생님이 조용히 좀 하라고 말해주시면 안 돼요?"

지금껏 얼마나 많은 아이들에게 이런 이야기를 들었는지 모른다. 아이들은 엄마의 잔소리를 끔찍이 싫어한다.

다소 극단적인 예를 들면, 아이가 책상에 앉으면 옆에 딱 붙어서 교과서나 필기도구를 준비해주는 엄마가 있다. 모르는 것이 있으면 옆에서 답을 가르쳐주거나 아이 대신 학습 자료를 가지런히 정리해주기도 했다.

초등학교 저학년이라면 그나마 이해가 가지만 대상은 이제 곧 중학교에 진학할 5, 6학년 아이였다. 자기 일은 스스로 해야 할 나이인데도 그런 생활 방식을 습관적으로 되풀이하는 엄마와 아이를 많이 보아왔다. 찰싹 달라붙은 엄마에게 아이가 거부반응을 일으키는 것은 어찌 보면 아이가 정상적으로 자라고 있다는 증거라고도 할 수 있다.

만약 제 스스로 할 나이가 되어도 엄마의 간섭을 당연하게 받아들이는 아이가 있다면 오히려 그쪽이 더 걱정스러운 경우다.

'엄마가 해주는 게 당연한 거 아냐?'

'부모님이 알아서 해줄 거야.'

그렇게 믿고 자란 아이는 사회생활에 어려움이 닥치면 상사가 나쁘다거나, 사회가 문제라면서 스스로 문제를 해결하지 못하고 다른 곳에 책임을 전가하는 사람이 되기 쉽다. 만약 당신이 그런 습관을 지녔다면 하루속히 버려야 한다.

걱정 많고 참견 잘하는 엄마에게는 또 다른 문제가 있다. 그중 하나가 쓸데없는 말이 많다는 점이다. 남자는 아이든 어른이든 무언가 하려고 할 때 일일이 잔소리 듣는 것을 질색한다. 예를 들어 텔레비전 끄고 공부하려던 차에 "하루 종일 텔레비전만 볼래? 숙제는 다 했어?"라는 말을 듣거나 등교준비를 서두르는데 "그러다 지각하겠다, 꾸물거리지 말고 얼른 학교 가"라는 소리를 들으면 기분이 상한다.

워낙 걱정 많은 성격 탓에 자신도 모르게 말수가 많아지는 것이겠지만 아이의 행동을 가만히 살펴보면 그런 잔소리가 필요한지 아닌지 금방 알 것이다.

말하기 전에 잠시 마음을 가다듬고 그 말을 꼭 해야 할지 생각해보자. 이런 습관을 들이면 잔소리도 줄고 아이와 감정이 상하는 일도 없을 것이다.

방과 후 활동 등 아이가 하는 일에 뭐든지 참견하고 싶어 하는 것도 걱정 많은 엄마들에게 자주 나타나는 특징이다.

가령 내 아이가 출전하는 야구경기를 보러 갔다고 치자. 아이는 경기 내내 고전을 면치 못하고 거푸 삼진을 당하더니 끝내 경기도 지고 말았다. 만약 당신이라면 그런 아이에게 뭐라고 말할 텐가?

"오늘은 영 신통치 않던데, 파이팅이 부족한 거 아냐? 어차피 삼진으로 끝날 거였으면 배트라도 냅다 휘둘러보지 그랬어."

이렇게 말하면 "엄마가 뭘 안다고 그래!"라며 아이의 화만 돋우게 된다. 설령 엄마가 야구에 대해 많이 알고 있어서 "그럴 때는 몸 쪽으로 들어오는 공은 치지 말고……"라며 정확한 지시를 했다 치더라도 좋은 소리는 듣지 못한다. 아이에게 야구를 가르치는 사람은 감독이나 코치지 엄마가 아니기 때문이다.

그럴 때는 "다음에는 꼭 칠 수 있어. 힘내!"라는 말이면 족하다. 아이는 공을 치지 못한 속상함을 가까스로 참고 있다. 아픈 상처에 소금을 뿌리는 말보다 따뜻한 위로의 말을 건네는 편이 아이를 더 크게 키운다.

참고로, 일본 탁구선수 후쿠하라 아이(福原愛)의 엄마는 매일 천 개의 랠리연습을 시키는 엄한 지도자로도 유명하지만 아이 선수가 시합에 졌을 때는 아무 말 없이 "괜찮아. 다음에 더 잘할 수 있어"라는 말만 되풀이했다고 한다.

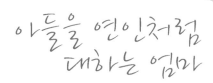

아들을 연인처럼
대하는 엄마

—   부모에게 자식은 똑같이 소중하다고들
하지만 내가 가르치는 아이들과 그 엄마를 보면 유독 아들에 대
한 애정이 각별한 듯하다. 나도 1남 1녀를 키우고 있지만 아이들
을 대하는 아내의 태도에서도 그 차이는 여실히 드러난다.

물론, 딸에게 애정이 없다는 말이 아니다. 딸과 아들에게 쏟는
애정의 양은 같지만 내용 면에서 차이가 있다.

딸에게 품는 애정이 친구에 가깝다고 한다면, 아들에게 품는
애정은 연인에게 느끼는 애정과 비슷하다. 여성은 본래 누군가
를 보살피고 싶어 하는 경향이 있다. 그래서인지 보살핌이야말

로 최고의 애정표현이라고 생각하는 사람이 많다.

자신의 연애시절을 한번 떠올려보자. 어질러진 남자친구의 방을 깨끗이 치워준 적이 있지 않은가? 밀린 빨래를 해준다거나 직접 요리까지 만들어 대접하면서 행복을 느꼈을지 모른다. 아들의 뒤치다꺼리를 하는 것도 남자친구의 방청소를 해주는 것과 마찬가지 기분일 것이다. 더군다나 '내가 낳은 아이'라는 소유욕까지 더해지면서 아들에게는 더욱 정성을 다한다.

아침이면 현관문 밖에까지 나와서 배웅하고 학교에서 돌아오면 하던 일을 멈추고 마중을 나가는(남편에게는 절대 안 하는) 일도 아들에게는 자연스럽다.

아들에 대한 엄마의 집착은 저출산화의 영향이 크다. 알다시피 출산율 감소는 날로 심각해지고 있다. 줄곧 내리막길을 달리던 출산율이 2009년에는 여성 1명이 평생 낳는 자녀의 수가 평균 1.4명까지 감소했다(한국의 경우는 2009년 기준 1.15명).

형제가 대여섯씩 되는 집이 당연했던 시절에는 부모가 아이 한 명 한 명에게 쏟는 시간이 한정될 수밖에 없었다. 지금처럼 편리한 설비와 가전제품이 없었기 때문에 전업주부라도 집안일에 바빠서 "공부했니?" "씻었니?" 하고 일일이 아이를 챙길만한 상황이 아니었다.

　그런데 요즘은 자식을 셋 낳아도 이야깃거리가 될 만큼 많아 봤자 둘 또는 외동이를 키우는 가정이 늘고 있는 추세이다. 형제들과 나눠 갖던 엄마의 사랑과 보살핌을 한 몸에 독차지하게 된 것이다. 게다가 아빠는 잦은 야근과 회식으로 귀가시간이 점점 늦어지면서 존재감마저 희미해진다. 그러다보니 눈앞에 있는 아들을 향한 애정이 더욱더 깊어지는 것이 인지상정이다. 요즘 엄마들에게 아들은 연인이나 다름없는 존재라고 해도 과언이 아니다. 하지만 아들은 아들일 뿐 영원히 연인이 될 수 없다. 당신이 사랑한 것은 남편이지 아들이 아니다.

　반항기가 시작될 무렵이면 아이를 대하는 사고방식을 바꾸고 아들에게 쏟았던 애정을 남편에게 기울이자. 그러면 남편과의 관계도 깊어지고 가정의 분위기도 더욱 좋아질 것이다. 남편이 아니라 상대가 누가 됐든 아이에게 쏟았던 애정을 다른 방향으로 돌리는 것이 아이의 반항기를 순조롭게 극복하는 비결이다.

　물론 쉬운 일이 아니라는 것을 잘 안다. 어떻게 하면 마음가짐을 새롭게 바꿀 수 있을까? 자, 그럼 이제부터 그 방법을 살펴보자.

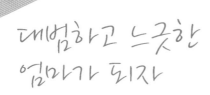

대범하고 느긋한
엄마가 되자

— 반항기를 악화시키는 원인은 대개 부모의 지나친 간섭 때문이다. 거꾸로 말하면, 부모가 지나치게 간섭하지 않는 것이 반항기를 순조롭게 극복하는 최고의 비결이다.

아이가 학교에서 어떻게 지내고 어떻게 공부를 하든 일일이 신경 쓰지 말고 느긋한 마음으로 지켜보면 된다.

사춘기 아이에게 필요한 것은 '간섭이 아닌 애정 어린 시선'이다. 한 발짝 떨어진 곳에서 아이의 성장을 지켜봐줄 수 있는 엄마가 아이의 반항기를 순조롭게 극복한다.

'그러다 아이가 비밀을 만들면 어쩌지' 하는 걱정이 들지 모른

아들 열 살이 되면 교육법을 바꿔라

다. 하지만 비밀은 자기 '주체성'의 상징으로, 누구나가 한두 개쯤 가지고 있게 마련이다. 심리학자 카를 구스타프 융(Carl Gustav Jung)도 그의 자서전에서 어린 시절 인형이나 돌을 다락방에 감추곤 했다고 밝혔다. 인형과 돌은 그의 자아를 상징하는 물건이었다. 그것을 들춘들 무슨 의미가 있겠는가?

물론 거짓말이나 비밀 중에는 남의 집 유리창을 깨고 도망쳤다든지 숨어서 담배를 피웠다는 등 부모로서 '몰랐다'는 말로 넘기기 어려운 일도 있다. 집단따돌림도 마찬가지이다. 따돌리는 아이는 말할 것도 없고 따돌림을 받는 아이도 부모에게 사실을 숨기려는 경향이 있기 때문에 일찌감치 발견해서 손을 써야 한다.

단, 그런 중요한 일 이외에는 아들이 무엇을 하든 내버려두는 것이 좋다. 아이가 신경 쓰여 안절부절못할 정도라면 친한 엄마들끼리 네트워크를 만드는 방법도 있다.

일찍이 내가 쓴 다른 저서에서 '엄마들끼리의 정보를 곧이곧대로 믿지 마라'고 쓰기도 했지만 이는 학원이나 사교육에 관한 정보일 경우다. 학원이나 사교육은 아이와 궁합도 있기 때문에 다른 엄마들의 평가를 곧이들을 이유가 없지만 학교에서 일어난 일이라면 엄마들의 정보망을 충분히 활용하는 것이 좋다.

이때 의지가 되는 것이 딸을 키우는 엄마이다. 여자아이는 사춘기에도 엄마와 자주 이야기를 나눈다. 학교에서 있었던 일만큼 좋은 이야깃거리도 없기 때문에 딸을 키우는 엄마들은 이런저런 일들을 많이 알고 있다.

또 하나 추천하고 싶은 것은 부지런히 학교에 드나드는 일이다. '운동회나 육성회라면 모를까, 아무 일도 없는데 학교에 가면 아이가 더 싫어하는 게 아닐까?' 하는 생각이 들지도 모른다. 그렇다면 학교에 가야 할 용건을 만들면 된다.

예를 들어, 학부모회에 참가하면 각종 회의나 활동 등으로 좋든 싫든 학교에 가야 한다. 그 김에 아이의 학교생활도 볼 수 있고 종종 담임선생님도 만나 이야기를 들을 수 있다. 내성적인 성격의 엄마라면 자연스럽게 다른 학부모들과 친해질 수도 있다.

다만, 아이 앞에서 자신의 정보력을 과시하는 것은 금물이다. 심지어 형사라도 된 양 여기저기서 들은 이야기를 앞세워 아이를 추궁하는 행동은 절대 해서는 안 된다.

말하기보다는 잘 들어주는 엄마가 되자

— 반항기에 유념해야 할 다른 한 가지는 아이의 말을 잘 들어주는 것이다. 단단히 벽을 쌓고 있지만 실은 아이도 부모에게 하고 싶은 이야기가 많다. 억지로 이야기를 끄집어내려고 하면 금세 입을 꾹 닫아버릴 수 있으니 자연스럽게 입을 열도록 만든다. 그러면 아들 걱정에 한시도 마음 편할 날 없던 엄마도 굳이 아이 주변을 탐색하느라 애쓰지 않아도 된다.

아이 말을 잘 들어주는 엄마가 되기 위한 첫 번째 핵심 포인트는 말을 건네는 타이밍이다. 앞에서도 이야기했지만 아이가 학교나 학원에서 돌아오자마자 엄마가 하고 싶은 말을 쏟아내는 것은 좋지 않다. 하물며 현관 앞에 떡 버티고 서서 다짜고짜 아이를 혼내는 행동은 최악이다.

아이가 집에 돌아오면 '어서 오렴'이라는 말과 함께 웃는 얼굴로 아이를 맞이하자. 아이의 이야기를 듣는 것은 교복을 갈아입고 한숨 돌린 후에라도 늦지 않다. 이것은 꼭 기억해야 할 철칙이다.

적당한 때를 가늠하는 방법은 료칸(旅館, 일본의 전통 숙박업소)의 종업원을 떠올리면 이해가 쉽다. 종업원은 투숙객이 숙소에 도착하기까지 어떤 시간을 보냈는지 알지 못한다. 즐거운 가족여행이라면 좋겠지만 더러는 '사연 있는' 손님들도 있게 마련이다. 그래서 종업원은 공연한 이야기를 삼가고 손님이 편안하게 쉴 수 있도록 극진히 대접한다. 따뜻한 차 한 잔에 다과를 곁들여 "피곤하셨을 테니 차 한 잔 드세요"라고 건네고는 자리를 피한다. 부모 자식간에도 다르지 않다.

한창 식욕이 왕성할 무렵의 아들이 빈속으로 집에 오면 "케이크 사 왔는데 같이 먹을래?" 하고 음식으로 아이의 마음을 이끄는 것도 한 방법이다. 사람은 누구나 맛있는 음식을 먹으면 기분이 좋아지는 법이다. 기분이 조금 누그러졌을 때 말을 붙이면 반

아들 열 살이 되면 교육법을 바꿔라

항기 아이라도 이야기하고 싶은 기분이 들 것이다.

식사를 마친 뒤 후식을 준비해놓고 대화를 유도하거나 휴일에 외식을 하면서 이야기를 나누는 것도 효과적이다. 다만, 엄마가 하고 싶은 말만 한다든지 아이에게 질문만 잔뜩 퍼부었다가는 이제까지의 노력이 허사가 될 수 있으니 주의하자. 하고 싶은 말, 듣고 싶은 이야기가 있어도 꾹 참고 어디까지나 아이의 이야기에 귀를 기울이며 대화를 이어나가는 것이 요령이다.

또 하나의 팁은 인터뷰하듯 대화를 진행하는 것이다. 잡지나 텔레비전 인터뷰에는 듣는 사람과 말하는 사람의 위치가 분명하게 구분된다. 듣는 사람은 말 그대로 듣는 역할에 충실하면서도 상대의 흥미를 유발하고 재미있는 이야기를 끄집어내기 위해 온힘을 쏟는다. 반항기 아이와 대화를 나눌 때는 인터뷰어와 같은 자세가 필요하다.

구체적으로 다음의 다섯 가지 사항을 기억하여 아이와 대화를 나누도

록 하자.

1. 일상적인 화두를 던진다

인터뷰의 경우, 다짜고짜 민감한 질문부터 던지는 일은 없다. 몸 풀기 수준의 적당한 화제를 던진 뒤 본론에 들어가는 것이 일반적이다.

일상적인 화두로 대화를 시작하면 상대방도 긴장이 풀리고 미리 견제구를 던짐으로써 심기가 불편하지는 않은지 앞으로 이어갈 대화에 어떤 반응을 보일지 등도 알 수 있다. 가정에서는 그날의 날씨나 뉴스거리 등으로 운을 떼는 것이 무난하다.

"오늘은 꽤 더웠지?"라는 질문에 "시끄러워"라고 대답할 아이는 없다.

2. 아이가 하고 싶어 하는 이야기에 귀를 기울이자

듣는 사람이 자기 의견만 늘어놓으면 인터뷰는 성립하지 않는다. 또 상대방의 의견은 무시하고 자기가 듣고 싶은 것만 묻는다면 결국 흥미로운 이야기는 끌어내지 못한다.

부모 자식 간의 대화도 마찬가지이다. 아이가 하고 싶어 하는 이야기에 귀를 기울이며 대화를 이끌어나가는 것이 철칙이다.

그러다 보면 대화도 부드럽게 이어지고 뜻밖의 사실을 알게 된다거나 평소 아이가 생각하는 것까지 듣게 될 수 있다.

3. 아이의 말에 적극적인 반응을 보여라

대화는 캐치볼과 같다. 반응이 돌아오지 않으면 모처럼 이야기를 하려던 기분도 싹 달아난다. 아이와 대화할 때 적극적인 반응을 보이자.

남자아이는 다 커서도 엉뚱한 생각을 곧잘 한다. 그런 이야기도 재미있게 들어준다면 아이의 말수도 점점 늘 것이다.

4. 아이의 말을 중간에 끊지 말자

말허리를 끊는 것은 인터뷰의 금기사항이다. 부모 자식 간의 대화에서도 "왜 그런 짓을 한 거야" "그러면 안 된다고 했잖아" 하고 아이를 나무라는 말은 금물이다.

나중에 꾸짖더라도 그 자리에서는 그냥 넘어가자. 꾸중부터 듣게 되면 아이는 그대로 입을 굳게 다물어버린다.

5. 하고 싶은 말, 듣고 싶은 이야기는 뒤로 미루자

아이에게 꼭 하고 싶은 말, 듣고 싶은 이야기가 있다면 최대한 대화를 뒤로 미룬다. 엄마에게는 필요한 이야기지만 아이에게 불편한 이야기를 먼저 말해버리면 아이는 그대로 귀를 막고 입을 다물어버릴 뿐이다. 우선 아이가 하고 싶은 이야기를 하게 놔두고 입과 귀가 완전히 열리면 '그건 그렇고……' 하면서 이야기를 꺼내면 된다. 이때부터는 요령껏 대화를 이어나간다.

단, 아이를 훈계할 경우 요점만 간략하게 말해야 된다. 장황하게 설교해봤자 아이는 듣지도 않을 뿐더러 효과도 없다. 진로문제처럼 아이의 의견을 듣고 함께 의논하고 싶은 내용이라면 "엄마가 하고 싶은 이야기가 있는데, 언제쯤 시간이 괜찮겠니?" 하고 아이와 미리 약속을 잡는 방법도 있다.

부모 자식 간에 굳이 약속까지 잡고 이야기를 할 필요가 있냐고 생각하는 사람도 있겠지만 남자는 절차에 약한 법이다. '이건 피할 수 없겠다'고 단념하고 대화에 응할 것이다.

이때도 부모만 일방적으로 이야기할 것이 아니라 아이가 자기 생각을 자유롭게 말할 수 있는 분위기를 만드는 것이 중요하다.

진로문제에 대한 대화를 예로 들면, 아이가 가고 싶은 학교와

아들 열 살이 되면 교육법을 바꿔라

부모가 보내고 싶은 학교가 다를 때가 있다. 이때는 먼저 아이가 왜 그 학교에 가고 싶은지를 듣는다. 그런 다음, 부모의 의견을 말하고 함께 타협점을 모색한다. 부모가 들어줄 자세가 되어 있다면 아이도 부모 말에 귀를 기울일 것이다.

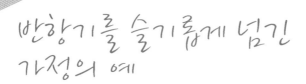

반항기를 슬기롭게 넘긴
가정의 예

—   반항기는 아이가 자립하기 위해 꼭 필
요한 성장과정이라고 거듭 말했지만 개중에는 반항기를 겪지 않
고 그대로 어른이 되는 경우도 있다.

반항기의 갈등을 겪지 않고 아이를 잘 키운 가정의 좋은 예로
내 친구를 예로 들어보려고 한다. 그 집은 아들 하나를 두었다.
외동아들은 엄마의 관심과 간섭을 한 몸에 받기 때문에 자칫 반
항이 더 심해지기 쉬운데 그 아이는 부모를 무시하거나 속 썩이
는 일 없이 훌륭한 사회인으로 성장했다.

반항기가 없었던 이유는 매우 분명했는데 친구 내외가 어릴

때부터 아이를 제3의 어른으로 존중해준 영향이 컸다.

예를 들어, 가족여행을 계획할 때도 보통 가정에서는 아이의 의견을 크게 중시하지 않는데 반해 친구 가정에서는 어디로 갈지, 여행지에서 무엇을 할지 등을 전부 아이와 함께 의논하는 것이 자연스럽게 몸에 배어 있었다. 평소 생활에서도 예의범절 등 마땅히 가르쳐야 할 것들은 엄하게 가르치면서도 늘 아이를 가족의 구성원으로서 인정하고 대등한 위치에서 의견을 구했다.

반항기는 '자신을 어른으로 인정해주길 바라는 마음'의 표현이다. 어린 시절부터 어른으로 대우받았다면 굳이 반항을 할 이유가 없다.

친구 가정이야말로 반항기가 없는 가정의 바람직한 예로 볼 수 있는 것이다. 그와 반대로, 반항기를 겪지 않은 탓에 사회에서 어른으로 대우받을 나이가 되어서도 자립하지 못하는 일도 있다. 그런 경우, 부모가 아이와 거리를 두는 방법을 잘못 취한 사례가 많다.

가령 아들의 친구가 집에 놀러왔을 때 부모가 자꾸 들여다보면 어린애 취급을 하는 것처럼 보일까봐 간식거리를 방 앞에 두고 총총히 사라진다. 언뜻 보기에는 아이의 자립을 돕는 것 같지만 결국은 뒤치다꺼리에 지나지 않는 행동이 도리어 안 좋은 영향을 미친다.

그렇게 아이를 챙기는 가정이라면 엄마 품에 있을 땐 아들도 마음 편하게 지낼 테고 굳이 반항할 이유도 없다. 하지만 그대로 어른이 되면 평생 자립하지 못하고 마마보이 딱지를 붙이고 살거나 세상일이 다 자기 뜻대로 될 거라고 믿는 자기중심적인 남자가 되든지, 둘 중 하나가 될 가능성이 크다.

반항기가 닥쳐올 조짐이 보이면 아들과 거리를 두는 것이 중요하지만 긁어 부스럼을 만들지 않으려고 조심하는 것도 좋은 방법이 아니다.

아들에게 해야 할 말은 확실하게 하고 자립을 돕는 것이 올바른 부모의 자세이다.

남자아이를 키우는 엄마가
빠지기 쉬운 맹점

- 꼼꼼한 성격, 뭐든 제자리에 있지 않으면 마음이 편치 않다.
- 가족을 보살피는 것이 엄마의 의무라고 생각한다.
- '남자아이는 용감하고 씩씩해야 한다'는 고정관념이 뿌리 깊다.
- '남자아이는 평생 응석받이'라고 생각한다.
- 귀한 자식이라도 '여행'은 보내기 싫다.
- "그래서?" "그런데?" 저도 모르게 질문공세를 퍼붓는다.
- 아이 말을 끊고 결론부터 말한다.

제3장

반항기의 교육법이
아이의 미래를 좌우한다

공동생활의 기본을 지키게 한다

— 반항기를 겪고 있더라도 아이는 아이
다. 그래서 부모로서 가르쳐야 할 것이 많다.

그중 하나가 가정도 공동생활의 장이라는 자각을 심어
주는 것이다. 가령 친구와 자취를 할 때에는 거실, 주방, 욕실,
화장실 등의 공용공간은 서로 신경 써서 사용한다. 휴지를 함부
로 버리지 않고 더럽게 쓰면 각자 깨끗이 치우는 등의 암묵적인
규칙이 있다.

가족도 마찬가지이다. 가정이라는 틀 안에서 함께 지내는 공
동생활자인 것이다.

아들 열 살이 되면 교육법을 바꿔라

그런데 가족은 혈연관계로 맺어진 만큼 서로에게 기대고 또 그 기대에 부응하는 일이 일어난다. 특히, 엄마는 아들에게 한없이 관대하다. 식사를 마치면 그릇을 그대로 둔 채 자리를 뜨고 양말을 거실에 떡하니 벗어놓거나 화장실을 지저분하게 쓰고도 아무렇지 않은 얼굴을 하고 있다.

　기숙사나 하숙집이었으면 쫓겨나도 할 말이 없을 상황인데 집에서는 "잘 좀 하지 못해!" 하고 한 소리 듣는 것으로 끝이다. 화를 내면서도 결국 엄마가 뒤치다꺼리를 하는 식이다.

　아들 입장에서는 귀찮은 일은 엄마가 다 해주고 자기 하고 싶은 대로 할 수 있으니 이보다 더 편한 환경이 없다. 하지만 이런 생활을 계속한다면 어른으로 자립할 수 있을 리 없다.

　앞서 '반항기에는 결혼할 수 있는 남자로 키우기 위해 엄마의 생각을 바꾸자'고 말한 바 있다. 엄마의 생각이 바뀌면 아들에게 공동생활자로서 자각을 심어주는 일이 변화의 첫걸음이다.

　가정도 공동생활의 장이라는 점을 이해시키고 규칙을 철저히 지키게끔 한다. 이것은 아이의 장래를 좌우한다고 해도 과언이 아닐 만큼 중요한 교육이다.

　구체적으로 설명하면, 먼저 가정의 공용공간을 명확하게 구분해야 한다. 아이는 거실이나 주방 등이 모두 '가정'이라는 공간에 있기 때문에 자기 방이나 다름없이 여긴다. 공용공간과 개인 공간의 구분이 모호하기 때문에 자기 물건을 아무 곳에나 둔다. 그런 사고는 우리나라의 관습이나 주택 환경과도 관계가 있다고 생각한다.

아이가 어릴 때는 가족이 함께 자는 가정이 많다. 초등학교에 들어가서야 처음 방을 만들어주거나 사춘기가 되어서도 가족이 함께 자는 가정도 있다. 가족이 나란히 자는 습관이 결코 나쁘다는 말은 아니지만 그만큼 공용공간에 대한 의식이 부족하다.

한편, 서양에서는 어릴 때부터 아이 방을 따로 만들어주고 아무리 울고 보채도 잠은 꼭 자기 방에서 재운다. 거실에서 보낼 수 있는 시간과 자기 방에 있어야 할 시간이 분명하기 때문에 공용공간과 개인공간의 차이를 자연스럽게 이해한다.

아이에게 공용공간에 대한 의식이 생기면 다음에는 장소에 맞는 규칙을 제시한다. 예를 들면 다음과 같다.

① 거실에는 책이나 필기도구 등의 개인 소지품을 두지 않는다. 만일 가져왔으면 반드시 자기 방으로 가져간다.

② 식탁은 마음껏 사용해도 좋다. 다만, 식사를 마친 후 식기는 싱크대에 가져다 놓는다. 빵 부스러기 등을 흘렸다면 깨끗이 닦는다.

③ 욕실이나 세면대를 사용했으면 비누나 샴푸 등은 제자리에 놓고 머리카락 등을 남기지 않는다.

④ 화장실을 지저분하게 사용했다면 각자 깨끗이 청소한다.

이런 규칙은 '서로 기분 좋게 지낼 수 있는' 공간을 만들기 위해서이다. 뒷사람에게 불쾌감을 주지 않도록 깨끗하게 사용하는 것은 인간이 지켜야 할 최소한의 도리이다. 엄마도 지저분한 탁자나 세면대를 보면 짜증이 솟구칠 것이다.

"어지르는 사람, 치우는 사람이 따로 있다니까"라며 분통을 터뜨릴 일도 없어질 테니 그보다 더 좋을 수는 없다.

가정 내 공용공간을 깨끗이 사용하는 습관을 들이면 도로나 공원에 휴지를 버리지 않는다. 공용 화장실도 깨끗이 사용해야 한다는 생각이 자연스럽게 든다. 물론 미래의 아내에게 '칠칠맞지 못하다'며 타박 받는 일도 없을 것이다.

자기 일은
자기 스스로 하게 하기

— 홀로서기를 시작하는 아들에게 부모가 반드시 가르쳐야 할 것이 있다. '자기 일은 스스로 해야 한다'는 사실이다. 이렇게 말하면 '유치원생도 아닌데 그야 당연하지' 하고 생각하는 엄마가 많을 줄 안다.

그렇다면 묻고 싶다. 집에서 빨래를 개는 사람은 누구인가? 설거지는 누가 하고 있는가?

혹시 엄마가 도맡아 하고 있지 않은가? 더러는 부부가 집안일을 분담하는 가정도 있을 테지만 어찌 됐든 아이가 스스로 빨래를 하거나 설거지를 하는 일은 없다. 혹 아이가 하려고 해도 "이

아들 열 살이 되면 교육법을 바꿔라

런 건 안 해도 되니까 넌 공부만 열심히 해"라며 만류하는 엄마도 적지 않다.

정말 안 해도 될까? 요즘 세상에 골프가 취미라면서 땀에 젖은 골프웨어는 아내에게 빨게 하는 남자는 결혼상대로 선택받기 힘들다. 대다수의 요즘 여성들은 집안일이나 육아를 함께 거들어 줄 자상한 남성을 원한다. 맞벌이 여성들이 점점 늘어나고 있는 추세인데 아내들도 일을 마치고 집에 오면 지치고 힘이 든다. 평생 단 한 번도 빨래나 설거지를 해본 적 없다는 남자의 말을 듣고 좋아할 여성은 없다.

그런 신세가 되지 않도록 아들이 반항기를 맞으면 자기 일은 스스로 하게끔 하자. 하나부터 열까지 부모가 뒤치다꺼리를 하는 것은 나쁜 습관이다.

교육이란 나쁜 습관은 버리고 좋은 습관을 익히는 것이다. 반항기야말로 아이의 습관을 바꿀 절호의 기회이다.

우선 아들에게 앞으로 네 일은 네가 알아서 해야 한다고 선언하자. 그리고 선언한 이상 실천에 옮긴다.

예를 들어, 자기 빨래는 스스로 하게끔 한다. 한꺼번에 모아서 하는 편이 물도 아끼고 전기세도 절약된다면 빨래는 엄마가 널고 개는 것은 아들에게 시킨다. 빨래가 마르면 개지 말고 그대로 아들 방에 가져다 놓는다.

아들이 더러워진 운동복을 세탁바구니에 던져 넣으며 "내일 입어야 해"라고 말하면 딱 잘라 거절하자. 어떤 운동이든 자기가 입고 사용하는 물건은 스스로 손질하고 관리하는 것이 기본이다. 기본도 못하는데 어떻게 실력 향상을 기대하겠는가.

청소도 마찬가지이다. 아들 방을 정돈하거나 청소해줄 필요 없다. 아침에는 알아서 알람을 맞춰놓고 일어나게끔 한다. 엄마가 깨워줄 필요 없다. 준비물을 빠트렸다고 친절하게 학교까지 가져다주는 일도 절대 해서는 안 된다.

늦잠을 자서 지각을 하는 것도 좋다. 준비물을 빠트렸다고 야단을 맞아도 괜찮다. 한번 혼이 나면 반성하고 다음부터는 그러지 않으려고 노력할 것이다.

가장 좋지 않은 것은 입으로는 잔소리를 하면서 결국 아이가 저지른 실패의 뒷수습을 해주는 태도이다. 어른이 되어서도 부모가 어떻게든 해결해주리라고 부모에게 의존한 채 자립은커녕 무슨 일이든 금방 포기하는 등 자멸의 길을 걷게 될

는지 모른다.

"아무리 그래도 아이가 걱정이 돼서……." 이런 엄마들에게는 관심사를 바꿀 취미를 가질 것을 권한다.

나 역시 아들에게 반항기가 찾아왔다는 생각이 들면서부터 아이와 거리를 두고 취미생활에 빠졌다. 베란다에 채소를 심거나 메추라기를 기르고 학생들과 캠프도 갔다.

부모는 부모대로 부모 개인의 시간을 만끽하면 된다. 그런 엄마의 모습을 보면 아이도 '아무래도 엄마가 변한 거 같은데? 이제 내 편한 대로 할 수는 없겠구나' 하는 위기감을 느끼고 자기 일을 스스로 하게 된다. 길게 보면 평생 아이에게 얽매여 사느니 그편이 훨씬 즐겁지 않겠는가?

부모 말을 순순히 듣지 않는 아들 대처법

—　　　　　　　　반항기 아이는 부모 말을 고분고분 듣지 않는다. 훈육을 위해 하는 말도 무시당하기 십상이다.

말을 듣지 않는 아이에게 효과적인 방법이 '눈에는 눈' 작전. 엄마도 평소와 달리 아들을 차갑게 대하는 것이다. 웃음기 없는 딱딱한 표정, 냉담한 어조로 최소한의 말만 한다. '왠지 분위기가 이상한데?' 하고 아이를 의아하게 만드는 것이다.

남자는 무슨 일이든 이치를 따지고 드는 습성이 있다. 엄마의 태도변화에 내심 당황한 아이는 열심히 이유를 찾는다. 그러다 엄마의 냉담한 반응이 자기 탓인 줄 알면 다소

아들 열 살이 되면 교육법을 바꿔라

나마 태도를 누그러트릴 것이다.

"시끄러워" "꺼져" "재수 없어" 반항기에는 이렇게 폭언을 서슴지 않는 경우가 종종 있는데 이 시기 남자아이의 '입버릇' 정도로만 여기고 흘려듣기 바란다.

자녀교육서 등에는 '언어폭력은 단호하고 엄하게 꾸짖어야 한다'는 대답이 자못 설득력 있게 쓰여 있다. 하지만 아무리 단호하고 엄하게 혼낸들 한 귀로 듣고 한 귀로 흘리는 시기가 반항기이다. 그럴 바에야 철저히 무시하는 방법이 제일이다.

정 안 될 때는 아이와 감정적으로 맞서는 것도 효과적이다. 감정적인 대응은 어떤 면에서 여성의 특성을 활용한 전략일 수 있다. "난 널 이렇게 키운 적 없다"며 눈물을 흘리기도 하고 집안일을 제쳐놓기도 한다.

남자는 여자의 분노와 눈물에 약하기 때문에 감정적으로 공격당하면 당혹감에 빠진다. 그러다 집안 분위기까지 안 좋은 영향을 미치면 '두 번 다시 이런 상황을 맞고 싶지 않다'고 생각할 것이다. 단, 자칫 잘못하면 히스테리로 비춰질 수 있으므로 냉정함을 잃지 않도록 한다. 또 너무 자주 반복되면 효과가 반감될 것이다. 평소에는 냉랭하게 대하다 마지막 보루로 분노를 터트린다. 감정 흐름에 맞는 적당한 완급조절이 필요하다.

더러는 언어폭력뿐 아니라 물건을 던지거나 주먹으로 벽을 내리쳐 구멍을 뚫어놓는 아이도 있다. 그런 모습을 보면 가정폭력으로 발전할까봐 안절부절못하는 마음은 충분히 이해한다.

하지만 나는 남자로서 정상적인 성장의 범주에 속하는 행동이라고 생각한다. 중학생 정도 되는 남자아이라면 대개 방문이나 벽에 구멍 한두 개쯤 뚫려 있게 마련이다.

사춘기에는 우정, 사랑, 공부, 장래의 일 등 고민이 태산 같다. 친구에게 상처를 받고 돌아오는 날도 있을 것이다. 부모 자식 간의 다툼도 끊일 날이 없다.

상처받고 응어리진 마음을 스스로 해소하는 방법을 터득하면 신체의 성장만큼이나 중요한 마음의 성장을 가져온다. 스스로 자신을 통제하고 절제하는 일을 '자율'이라고 하는데 요즘 아이들에게는 그런 자율정신이 부족하다. 물건을 부수고 때리는 아이를 보면 속이 타겠지만 자해를 한다든지 등의 심한 공격성이나 타인에게 해를 끼치지 않는 한 조용히 지켜봐주자.

남자아이 특유의 기를 꺾지 말자

내가 가르치는 아이들 중에는 워낙 개성 넘치는 아이들이 많아 어지간하면 그러려니 하지만 그런 나조차 당황하게 한 경우는 말을 전혀 하지 않는 아이를 대할 때였다.

내게만 그런 것이 아니라 친구들과도 이야기를 거의 하지 않고 수업 중에 질문을 해도 반응이 없다. 최소한 고개를 끄덕인다든지 표정변화라도 있어야 하는데 그런 것조차 없었다. 그러니 수업이 제대로 될 리 없었다.

질문의 뜻을 이해하지 못하나 싶었는데 노트를 보니 수업내용은 제대로 쓰여 있었다. 가만 보니 누가 무슨 말을 해도 반응을 보이지 않는 습관이 몸에 밴 듯했다.

그런 아이들의 공통점은 하나같이 세심하고 주의 깊은 성격의 엄마를 두었다는 점이다. 컵을 내밀면 물을 따라주고 밥공기를 내밀면 밥을 담아주는 등 아들이 입을 채 열기도 전에 원하는 것을 알아차리고 해결해주었을 것이다. 그런 엄마들은 누군가를 보살피고 싶어 하는 여성적 특성이 유독 강한 타입이다.

자세한 사정을 들어보니 아이가 학교에서 있었던 일을 이야기하려고 하면 "○○네 엄마한테 다 들었어"라며 선수를 치거나 "그런 쓸데없는 이야기는 그만 하고"라며 말을 끊었다고 한다. 그러니 대화능력을 키우지 못한 것이다.

늘 엉뚱한 일을 꾸미고 좋은 생각이라도 떠오르면 누군가에게 이야기하고 행동에 옮기지 않고는 못 배긴다. 그것이 남자아이의 힘, 이른바 고추의 힘이다.

단언하건대, 엄마의 눈치 빠른 행동은 기껏 키운 고추의 힘을 억누를 뿐이다. 어디 그뿐이랴, 인간적인 매력마저 잃게 만든다. 당연히 나는 물어본 말에 대답을 하지 않는 아이의 태도를 호락호락 넘길 생각이 없었다. 수업 중에는 물론이고 수

업을 마친 후에도 말을 걸었고 대답할 때까지 느긋하게 기다리

기로 했다. 그러자 시간이 꽤 흐른 뒤에는 아이도 대화의 즐거움

을 알았는지 한결 좋아진 모습으로

사람들과 농담도 곧잘 하게 되었다.

아들의 자립심을 길러주는 '심부름'과 '여행'

—　　　　　　　　　　갑작스러운 질문이지만, '훈육'이란 무엇이라고 생각하는가?

사전에는 '품성이나 도덕 따위를 가르쳐 기르는 것'이라고 나와 있지만 현대에는 '사회규범에 어긋나지 않는 행동거지를 가르쳐 기르는 것'이라는 생각이 일반적이다.

하지만 나는 더 넓은 의미에서 훈육이란 '사회에서 살아가기 위해 필요한 능력을 기르는 것'이라고 생각한다. 다시 말해, 아이의 자립심을 기르는 일도 훈육의 일환이다. 그래서 나는 부모들에게 '심부름'과 '여행' 이 두 가지를 실천하도록 권한다.

어째서 심부름과 여행일까? 이제부터 그 이유를 하나하나 살펴보자.

✳ 심부름을 권하는 이유

흔히 심부름이라고 하면 바쁠 때 아이에게 도움을 청하는 일이라고 생각하기 쉽다. "빨래 좀 걷어올래?" 하는 부탁을 마지못해 들어주는 것도 부모로서는 큰 도움이 된다. '이젠 다 커서 엄마를 배려할 줄도 안다' 며 뿌듯한 마음도 들 것이다.

바쁜 엄마를 돕는 것도 물론 중요하지만 내가 추천하는 심부름은 '무언가 역할을 맡기는 것' 이다. 어린아이라도 식사준비를 돕는다든지 신문이나 우편물을 가져오는 일 혹은 커튼을 열고 닫는 일 정도는 쉽게 할 수 있다.

반항기가 시작될 나이라면 개를 산책시킨다든지 쌀을 씻는 일 또는 욕실청소 등 더 많은 일을 맡길 수 있다. 가정에서 특정한 역할을 맡으면 자신이 가족의 구성원이라는 자각이 생기고 자립심도 기를 수 있다.

일단 역할을 맡겼다면 간섭하지 말고 처음부터 끝까지

아이가 책임을 다하도록 만드는 것이 중요하다. 매일 정해진 일과를 완수하려면 끈기와 인내심이 필요하고 책임감도 생긴다. 어떻게 하면 더 효율적으로 할 수 있을지 나름대로 궁리를 하다보면 창의력이나 응용력도 기를 수 있다.

물론 아이가 자진해서 집안일을 돕게끔 하는 일이 쉽지 않다는 사실은 잘 알고 있다. 아이의 집안일 참여에 관해서 내가 가르치는 한 아이의 가정을 예로 들고 싶다.

그 아이의 엄마는 직장에 다니기 때문에 아침이면 아이보다 먼저 출근해야 했다. 출근 준비로 바쁜 와중에 아침식사를 준비하고 개를 산책시킨 후 중학교에 다니는 아들의 도시락까지 만들었다. 힘에 부친 엄마는 어느 날 아들에게 도시락 준비와 개 산책 중 하나를 대신 해주지 않으면 집안이 엉망이 될 것이라고 호소했다. 아이는 엄마의 그런 절박한 이야기를 듣고 둘 다 하기 싫다고 말하지 못했고 어쩔 수 없이 둘 중 하나를 선택해야 할 상황이었다.

결국 아이는 도시락 준비를 선택했다. 매일 아침 도시락을 싸는 일이 쉽지는 않지만 엄마가 미리 만들어 놓은 밑반찬이며 냉동식품 등을 골고루 넣어가며 꽤 먹음직스런 도시락을 싸게 되었다고 한다. 아닌 게 아니라 요즘 유행하는 도시락 싸는 남자, 일명 '도시락 남'인 것이다.

여기서 눈여겨보아야 할 점은 엄마가 도시락 싸기와 개산책이라는 두 가지 선택지를 제시하고 아이 스스로 하나를 고르게 했다는 점이다.

선택이란 책임이 따르기 때문에 중간에 쉽게 그만둘 수 없다. 만약 "앞으로 도시락은 네가 싸야 해"하고 명령했다면 아이는 엄마 말을 듣지 않았을 것이다. 엄마의 현명함이 만들어낸 승리의 결과이다.

또 한 가지, 본받아야 할 점은 매일 아침 엄마가 아이에게 '건넨 말'이다. 아이가 만든 도시락을 보고 "맛있겠다" "오늘은 영양균형까지 잘 맞췄네!"라며 꼭 한두 마디씩 소감을 덧붙였던 것이다. 사소하지만 그런 몇 마디 말이 아이의 도시락 준비에 동기부여가 된 것은 물론이다.

✽ 귀한 자식일수록 여행을 시켜라

여행은 자립심을 기르는 가장 좋은 방법이다. 나는 초등학교 때부터 곧잘 자전거 여행을 했다. 처음에는 집에서 가까운 전철

노선을 따라 달리는 단출한 여행이었다. 자전거로 선로를 따라 달리기만 하면 되었다. 선로만 따라가면 길을 잃을 일은 없다는 생각으로 출발했는데 중간에 길이 없어지는 뜻밖의(당시 나로서는) 상황이 일어났다.

오로지 자신의 방향감각에만 의지해 한 번도 와본 적 없는 거리를 지나가야만 했다. 불안과 스릴이 뒤섞인 뭐라 설명하기 힘든 기분을 지금도 생생하게 기억한다.

그 경험 덕분에 나의 행동반경은 부쩍 넓어졌다. 자전거만 있으면 혼자서도 어디든 갈 수 있었다. 자신감은 자립심을 북돋우고 나라 밖으로까지 시야를 넓히는 원동력이 되었다.

그런 내 경험을 바탕으로 말하건대, 귀한 자식일수록 여행을 많이 하도록 시켜야 한다. 자전거 여행만이 아니다. 아직 어린아이라면 할아버지나 할머니에게 마중을 나오도록 부탁한 뒤 혼자 기차나 비행기에 태우기만 해도 충분하다. 부모의 보호 없이 홀로 행동하는 것이 아이의 자신감을 북돋운다.

초등학교 고학년이 되면 집에서 할아버지, 할머니가 사는 시골집까지 혼자 아이를 보내는 것도 좋다. 기차표를 사는 방법, 타야 할 기차나 플랫폼을 확인하는 방법, 역에서 내려 '시골집까

아들 열 살이 되면 교육법을 바꿔라

지 가는 방법 등을 스스로 알아보고 찾아가게 한다.

기차를 잘못 타거나 길을 잃는 등의 예기치 못한 사건도 좋은 경험이다. 지나가는 사람에게 길을 묻는 등 스스로 해결책을 모색할 것이다. 그리고 그런 경험이 자신감이 되고 자립을 향한 든든한 발판이 될 것이다.

여행의 목적은 부모의 보호 없이 행동할 수 있는 힘을 기르는 것인데 그런 여행과 비슷한 효과를 발휘하는 것이 여름방학 즈음에 지역이나 자치단체 등에서 기획하는 합숙 체험이다.

합숙 체험의 이점은 아이가 부모와 떨어진 생활을 경험해볼 수 있다는 점이다. "엄마, 아빠 없이도 아무렇지도 않았다니까"라며 친구들 앞에서 짐짓 자랑을 하기도 한다.

또 다른 이점은 다른 참가자들이나 동반한 어른들 중에 처음 보는 사람이 많다는 점이다. 이 점이 학교행사와 크게 다르다. 난생 처음 보는 사람과 함께 밥을 먹고 잠을 자면서 조금씩 서로를 알아가는 과정은 의사소통 능력을 키우는 데 도움이 된다.

잠깐 곁길로 빠지면, 최근 수년간 일본에서는 젊은 층의 외국 여행이 줄고 있다는 뉴스를 들었다. 유학생 수도 해마다 감소하고 있는 듯하다. 경제적인 이유도 있겠지만 굳이 외국에 가지 않아도 인터넷으로 빠르게 정보를 얻을 수 있게 된 것도 하나의 원인이라고 한다.

확실히 오늘날의 정보화 사회에서는 클릭 한 번이면 다양한 정보를 얻을 수 있고 외국인 친구도 쉽게 사귈 수 있다. 하지만 직접 현지에 가서 보고 느끼지 않으면 알 수 없는 일이 많은 것 또한 사실이다. 좁은 나라 안에서 꼼짝도 하지 않는 청년들이 늘고 있다는 사실이 안타까울 뿐이다.

자기 방을 스스로 정리하게 하려면

앞서 가족의 공용공간은 깨끗하게 사용하는 습관을 들여야 한다는 말을 했다. 그렇다고 자기 방은 어질러도 좋다는 말이 아니다.

옷은 벗어서 그 자리에 그대로 둔다. 책이나 교과서는 제멋대로 책상 위에 쌓여있고 바닥에는 빈 과자봉지나 음료수 병이 굴러다닌다. 그런 방에서 공부가 잘 될 리 없다. 정리정돈을 못 하는 것은 천성이라고들 하지만 나는 습관이라고 생각한다.

엄마가 방 청소를 해주는 아이는 막상 자기 방을 관리하게 되면 어떻게 치우고 정돈해야 할지 요령을 모른다.

당연히 방이 지저분해지게 마련이다.

　반대로, 엄마가 정리정돈이 서툰 경우에도 집안이 늘 어수선하기 때문에 어지간해서는 크게 신경 쓰이지 않는다(간혹 엄마를 반면교사로 삼는 경우도 있기는 하지만). 어찌됐든 스스로 곤란해지기 전에는 방을 깨끗이 치워야 할 필요성을 깨닫지 못한다. 아끼는 물건을 잃어버렸을 때가 기회이다.

　'어질러진 방을 먼저 치우지 않으면 찾기 힘들 걸.'

　이렇게 말하고 아이와 함께 방청소를 시작한다. 어디에 있는지 짐작이 가더라도 모르는 척하자. 방이 지저분해서 불편을 겪는 것은 자기 자신이다.

　먼저 그 점을 충분히 이해시키고 방을 깨끗이 치우면 잃어버린 물건을 찾는 데 쏟는 불필요한 시간도 줄일 수 있고 무엇보다 정리된 환경에서 기분 좋게 지낼 수 있다는 사실을 아이가 직접 느낄 수 있게 된다.

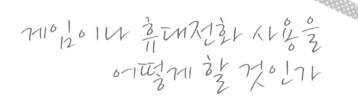

게임이나 휴대전화 사용을 어떻게 할 것인가

'경찰과 도둑'이라는 놀이가 있다. 경찰과 도둑은 말 그대로 경찰 역을 하는 아이가 도둑 역을 맡은 아이를 잡는 술래잡기 놀이이다. 규칙은 지역마다 조금씩 다른데 보통 '경찰'에게 붙잡힌 '도둑'은 감옥에 갇히고 동료가 나타나 손을 쳐주면 감옥에서 탈출할 수 있다. 그냥 술래잡기보다 스릴이 넘쳐서 나도 어릴 땐 해가 지는 줄도 모르고 놀이에 열중했었다.

그런 추억의 놀이가 요즘 아이들 사이에서도 유행하고 있다고 한다. 예전과 크게 다른 점이 있다면 행동반경이 넓고 휴대폰으로 연락을 취한다는 점이다. 각자 휴대전화로 '지금 편의점 앞에 있다' '그쪽으로 가고 있다' 등등 연락을 취하면서 서로 쫓고 쫓기는 식이다. 즉, 휴대전화가 없으면 놀이에 참가할 수 없다.

실제 휴대전화를 소유한 아이들의 비율은 중학교 입학을 경계로 급증한다. 조사에 따르면, 자신의 휴대전화를 가지고 있는 아이는 중학생이 45.7%, 고등학생은 97.1%에 달한다.

우리 집 아이들만 해도 친구와의 대화는 거의 문자메시지로 주고받는다. 휴대전화를 갖고 있지 않은 아이가 오히려 이상한 시대이다.

한편 게임기도 '다들 가지고 있다'는 아이의 주장도 아주 틀린 말은 아니다. 아이가 따돌림을 당할까봐 하는 수 없이 사주는 가정도 적지 않다.

나는 휴대전화, 게임기, 텔레비전 이 세 가지를 스위치계(系) 도구라고 부른다. 스위치만 누르면 시간 가는 줄 모르고 즐길 수 있기 때문이다.

인간의 가치는 노동시간 이외의 자유 시간, 아이의 경우라면 학교에서 공부하는 시간 이외의 자유 시간을 어떻게 보내는지에 따라 결정된다고 생각한다. 그런 귀중한 시간에는 등산이나 캠프 혹은 요리 등의 살아 있는 체험을 시키자.

가령 산에 오르면 울창한 숲과 맑은 공기가 오감을 자극하고 창의력과 상상력을 북돋운다. 도중에 뱀을 만난다든지 길을 잃는 등 예기치 못한 사고가 종종 일어나기도 하는데 그런 상황에 대처하는 것 역시 아이의 성장에 도움이 된다.

그에 비해 스위치계 도구는 수동적이다. 정보를 받아들이고 이미 만들어진 시스템 안에서 버튼 조작만 하면 되기 때문에 뇌가 활성화하지 않고 창의력이 발휘될 일도 거의 없다. 자유 시간에 스위치를 누르는 순간 사고는 정지하고 시간은 헛되이 흐른다.

사실 스위치계 도구를 즐기는 것은 아이들만이 아니다. 지하철을 타면 다 큰 어른들도 문자메시지를 보내고 인터넷이나 동영상을 보고 있으니 아이가 따라하는 것도 무리는 아니다.

이처럼 중독성 강한 도구가 세상에 등장한 마당에 아이에게만은 절대 안 된다고 못을 박기도 어려운 일이다. 하지만 휴대전화나 게임을 허용할 때는 신중을 기해야 한다.

중요한 것은 아무리 떼를 써도 바로 OK하지 않는 것이다. 6개월이고 1년이고 아이를 기다리게 한 뒤 사줄 때에는 실은 사고 싶지 않았지만 하는 수 없이 사주는 것이라는 태도를 분명히 한다.

이때 반드시 교환조건을 붙인다. 예를 들어, 식사 중이나 자기 전에는 휴대전화 사용을 금지하고 만약 규칙을 어기면 당장 빼앗겠다든지 부모가 메시지를 보더라도 불평하지 않겠다는 조건을 다는 것이다. 그리고 약속을 어겼을 때에는 아이가 어떻게 나오든 약속대로 압수하도록 한다.

그리고 휴대전화나 게임기를 사줄 때에는 아이에게 사회구조에 관해 꼭 일러두었으면 한다.

"이런 도구가 사회적 현상으로까지 발전한 내막에는 분명 큰돈을 버는 사람과 기업이 있다. 그리고 그런 기업들에 많은 세금이 부과되는 것을 보면 우리가 간접적으로 세금을 내는 것이나 마찬가지이다." 이런 사정을 충분히 설명한 뒤 사용하도록 하면 휴대전화나 게임기를 다루는 아들의 자세도 조금은 달라질 것이다.

부모가 아이에게 가르쳐야 할 다섯 가지 윤리관

릴리 프랭키의 명저 《도쿄타워》를 읽어 본 사람이 많을 것이다. 나에게 특히 인상 깊었던 부분은 주인공이 엄마에게 돈 이야기를 꺼내는 대목이다. 평소에는 온화한 성격의 엄마가 느닷없이 "남자가 돈 가지고 왈가왈부하면 안 된다"며 성을 낸다. 아마도 남자가 돈 운운하는 것은 엄마의 윤리관에 어긋나는 일이 아니었을까?

부모가 아이에게 '이런 행동만은 절대 해서는 안 된다'고 하는 윤리관을 가르치는 것은 무척 중요하다. 가정의 윤리관은 제가끔 다를 수 있다. 다만 사회에서 살아가기 위해 꼭 필요한 다음

다섯 가지만큼은 꼭 가르쳐야 한다.

1. 거짓말을 하지 않는다

2. 약한 사람을 괴롭히지 않는다

3. 차별하지 않는다

4. 약속을 지킨다

5. 감사하는 마음을 갖는다

읽어보면 알겠지만, 인간으로서 갖추어야 할 지극히 기본적인 윤리관이다. 옛날 같으면 집안의 웃어른이 아이를 앉혀놓고 가르쳤을 것이다. 하지만 핵가족이 주를 이루는 오늘날에는 아쉽게도 그러한 윤리관이 계승되지 않고 있다.

사실 수업시간에 늦거나 과제물을 제때 내지 않고 숙제를 해오지 않는 아이는 수두룩하다. 특히, 응석받이로 자란 남자아이일수록 자율성과 자립심이 부족하다. 그대로 사회인이 되면 약속시간을 어기거나 회의에 쓸 서류를 제때 준비하지 못하고 여자 친구와 데이트에도 번번이 늦는 남자가 될지 모른다.

반대로, 앞의 다섯 가지 윤리관만 갖춘다면 사회생활이 가능하고 외모가 다소 부족하더라도 여성에게 좋은 결혼상대로 선택받기에 부족함이 없다.

특히, 내가 가장 중요하게 여기는 것은 감사하는 마음이다. 음식점 등에서 돈을 내는 만큼 서비스를 받는 것이 당연하다며 사사건건 트집을 잡는 손님이 있는가 하면 학교에서는 교사가 아이를 위해 헌신하는 것이 마땅하다고 생각하는 소위 몬스터 페어런트(학교에 불합리한 요구와 불평을 일삼는 학부모를 일컫는 말)가 횡행하고 있다.

'고맙습니다' '덕분입니다' 와 같은 아름다운 말과 함께 이어져 온 감사의 미덕이 사라지고 있다. 감사할 줄 아는 사람은 타인을 대할 때도 친절과 배려를 잊지 않는다. 세상에는 여전히 돈보다 감사의 마음을 더 기쁘게 여기는 사람이 많다. 이처럼 소중한 가치가 아이의 내면에 대물림되고 있다면, 아이가 다소 반항적인 태도를 보여도 너그럽게 눈감아 줄 수 있다.

제4장

반항기에도
아들을 공부시키는 방법

"공부해라" 소리 안 해도 책상에 앉는 아이

공부에 대한 의식은 남녀 간에 상당한 차이가 있다. 시험을 앞두고 체계적으로 준비하는 것은 대개 여자아이이다. 한편, 남자아이는 하루 이틀 전에야 "큰일 났네, 밤새워 공부하자"며 허둥거린다.

고등학교 입시만 해도 여자아이는 미리 가고 싶은 학교를 염두에 두고 '이제 본격적으로 공부해야겠다'고 생각하는데 반해 남자아이는 중학교 3학년 2학기가 되어서야 겨우 정신 차리고 공부를 시작하는 아이도 적지 않다.

그런 아들을 보며 엄마는 늘 마음을 졸인다. 저녁을 먹고 나서

아들 열 살이 되면 교육법을 바꿔라

도 텔레비전 앞을 떠나지 못하는 아들에게 "숙제는 다 했니? 텔레비전 그만 보고 얼른 가서 숙제해!"라고 말하지 않고는 못 배긴다. 더러는 다짜고짜 텔레비전을 꺼버리는 강경책을 쓰는 엄마도 있다.

초등학교 저학년일 때에는 그런 엄마의 실력행사에 마지못해 따르지만 반항기 아들은 그렇지 않다. "시끄러워"라며 엄마 말은 무시하고 텔레비전을 계속 보든지 자기 방으로 피해 여전히 빈둥거린다.

반항기 아들에게 부모의 명령은 아무 효력이 없다. 오히려 부모의 명령을 끔찍이 싫어하는 아이의 반발을 불러와 아예 공부에서 손을 떼게 만들 뿐이다.

특히, 타이밍이 좋지 않을 때는 아이 스스로 '이제 슬슬 공부해야지' 하고 생각했을 때이다. 엄마의 '공부하라'는 한 마디는 아이의 사기를 급격히 저하시킨다. 도리어 공부하려는 의욕을 꺾는 결과를 낳는다.

그렇다면 공부하지 않는 아들에게 어떻게 대처하면 좋을까? 결론부터 말하자면, 반항기에는 공부를 하든 하지 않든 아이의 주체성에 맡기는 수밖에 없다.

"그럼 우리 애는 아예 공부는 쳐다보지도 않을 거예요."

이렇게 걱정하는 부모도 있을 것이다. 하지만 아이도 공부를 하지 않으면 안 된다는 것 정도는 잘 알고 있다. 이왕이면 시험을 잘 보는 편이 기분도 좋고 성적이 좋으면 친구들에게 자랑도 할 수 있다. 단지 눈앞에 공부보다 재미있는 일이 있으면 저도 모르게 그쪽에 관심이 쏠린다. 그러다 시험이 다가오면 '아, 평소에 해놓을 걸' 하고 후회하는 것이 공부 못하는 아이의 전형적인 유형이다.

반대로, 똑똑한 아이는 부모가 잔소리하기 전에 책상에 앉는다. 습관이 되어 있기 때문이다.

아침에 이를 닦지 않으면 기분이 찜찜한 것처럼 그날 해야 할 일을 하지 않으면 어쩐지 마음이 편치 않다. 그래서 '얼른 해버리자'고 생각하는 것이다.

물론 그런 아이에게도 유혹이 없는 것은 아니다. 보고 싶은 텔레비전 프로그램도 있고 읽고 싶은 만화책도 있다. 하지만 그런 유혹을 이겨낼 만큼의 '자신을 관리하는 능력' 이른바, 자기관리력을 갖춘 것이다.

자기관리력은 평소 생활태도에서도 나타난다. 공부 못하는 아이는 대개 시간관념이 없기 때문에 지각이 잦고 과제를 기한 내에 내지 못할뿐더러 숙제가 있다는 것도 까맣게 잊는다. 재미있고 편한 일에만 관심을 갖고 정작 해야 할 일은 뒤로 미루는 행동이 몸에 밴 것이다.

반항기에는 양치질하듯 공부를 '습관화' 하기에는 다소 늦은 감이 있다. 그러나 자기관리력은 기를 수 있다.

그 첫걸음이 아이 스스로 공부시간을 정하도록 하는 것이다. 스스로 방과 후 시간표를 짜고 거기에 맞춰 행동할 수 있다면 이상적이다. 하지만 이맘때 남자아이는 계획을 세우는 것 자체를 거부할지도 모른다. 그때는 기지를 발휘하자.

예를 들어 "저녁준비 때문에 그러는데 오늘 몇 시부터 공부할 거니?" 하고 묻는다. 단순히 집안일 때문에 묻는 양 자연스럽게 공부시간을 정하게 하는 것이다.

"밥 먹고 할 거야"라든지 '8시에 할 거야'라고 대답하면 계획을 세운 것이나 다름없다. 예정된 시간이 되었을 때쯤 "이제 슬슬 공부할 시간 아니니?" 하고 물으면 된다.

이렇게 하면 부모의 명령이 아니기 때문에 아이도 기분이 상하지 않는다. 무엇보다 스스로 정한 일이기 때문에 '지켜야 한

다'는 생각이 든다. 만약 다른 활동 등으로 저녁에 공부할 시간
이 없다면 아침시간을 이용해 공부해도 좋다.

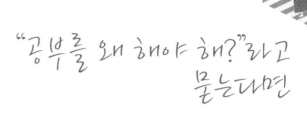

"공부를 왜 해야 해?"라고 물는다면

아이가 초등학교 때는 공부를 곧잘 했는데 중학교에 들어간 뒤로 갑자기 성적이 떨어졌다는 이야기를 자주 듣는다. 개중에는 공부를 하는 것 같은데 어찌된 영문인지 성적이 오르지 않아서 고민이라는 부모도 있다.

원인은 지극히 단순하다. 공부를 자발적으로 하는 것이 아니라 '시켜서' 하기 때문이다. 부모의 강압에 떠밀리듯 책상 앞에 앉는 아이는 초등학교 고학년에서 중학교 무렵이면 반드시 한계에 부딪친다. 이는 교육관계자들 사이에서도 자주 거론되는 문제로 나 역시 그간의 경험을 통해 실감하고 있다.

굳이 말할 필요도 없지만 학습내용은 고학년이 될수록 어려워진다. 초등학교에서 배우는 정도의 내용이라면 부모가 엉덩이를 토닥여가며 시키면 곧잘 하지만 중학생이 되면 그것도 쉽지 않다. '스스로 공부하려는 의지'가 없으면 온종일 책상에 앉아 있어도 성적은 쉽게 오르지 않는다.

학습의욕을 높이는 일은 결코 쉽지 않다. 따지고 보면 중학교 국어시간에 배우는 문법이나 고전문학, 수학 방정식이나 함수 혹은 인수분해 등 과연 배워서 무슨 도움이 될지 회의가 드는 내용뿐이다.

그렇게 쓸모없어 보이는 지식을 익히려면 '왜 공부를 해야 하는가?' 하는 동기부여가 필요하다. 공부를 하는 목적과 의미가 분명하면 아이도 자발적으로 공부를 할 것이다.

아이에게 공부의 목적과 의미를 가르치는 것이 부모의 역할이다. "공부 좀 해!" 하고 아이를 어르고 달래는 것보다 훨씬 중요다고 생각한다.

그렇다면 공부는 왜 해야 할까? 공부를 하는 이유는 다양하지만 첫 번째로 말할 수 있는 것은 '진로선택의 폭을 넓히기 위해

아들 열 살이 되면 교육법을 바꿔라

서'이다.

학력편중을 비판하는 목소리가 없지는 않지만 우리 사회가 학력사회인 것만은 부정할 수 없는 사실이다. 유명기업에서는 대학졸업 이상의 학력소지자를 채용하는 곳이 많기 때문에 일단 고졸인지 대졸인지에 따라 진로선택의 폭이 크게 벌어진다.

게다가 똑같이 대학을 졸업했다고 해도 취업 기회는 평등하지 않다. 취업난이 심각한 오늘날에는 같은 대졸자 간에도 상당한 격차가 있다. 아무리 훌륭한 인재라도 대학 이름에 따라 서열이 매겨지고 출발선에조차 서지 못하는 경우도 종종 있다.

다시 말해, 학력이 높으면 높을수록 미래의 직업선택의 폭이 넓어진다. 물론 예외는 있지만 장래에 자신이 꿈꾸는 일을 하기 위해 '학력'이라는 포인트를 쌓아둔다고 해서 손해 볼 것 없다.

하물며 의사, 변호사, 검사, 고위 공무원 등의 국가고시 자격이 필수인 직업을 꿈꾼다면 공부는 더욱 중요하다. 국가시험은 전문지식을 통째로 암기한다고 합격할 수 있는 것이 아니다. 물론 암기력도 중요하지만 출제 의도를 이해하기 위한 독해력, 옳은 답을 이끌어내는 논리사고력 등의 종합적인 능력이 필요하다.

독해력이나 논리사고력은 중학교 때부터 배우는 교과 과정을 통해 기를 수 있다. 하루아침에 익힐 수 있는 것이 아니기 때문에 대학에서 부랴부랴 공부해도 원님 행차 뒤에 나팔 부는 격밖에 되지 않는다.

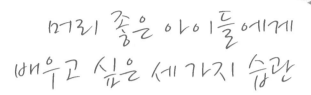

머리 좋은 아이들에게 배우고 싶은 세 가지 습관

— 　　　　　나는 종종 학생들에게 "너희들은 좋아하는 일을 하기 위해 세상에 태어났다"고 이야기한다.

아이들이 좋아하는 일을 할 수 있는 시간은 공부 이외의 자유시간이다. 그렇기 때문에 자유시간을 소중히 하는 습관을 들여야 한다.

물론 좋아하는 일이라고 해서 텔레비전을 보거나 게임을 하는 것이 아니다. 텔레비전이나 게임의 공통점은 수동적이라는 점이다. 주어진 정보를 받아들일 뿐 스스로 생각하거나 창의력을 발휘할 기회가 없다.

모처럼 주어진 자유시간은 스스로 조사하고 찾고 만드는 따위의 능동적인 일에 써야 아깝지 않다. 그렇지 않은가?

실제 내가 가르치는 학생들 중에는 곤충박사, 화석 수집, 바둑, 장기 등 다양한 취미를 가진 아이들이 많다. 그들은 대체로 머리가 좋다. 자유시간이면 자신이 흥미를 느끼는 일에 열중하면서 지성을 쑥쑥 키운다. 그들이 집에서 수 시간씩 공부에 집중하는가 하면 전혀 그렇지 않다. 장시간 공부하지 않아도 잘하는 것이다.

'타고난 뇌 구조가 다르다.'

이렇게 생각할지도 모르지만 실은 머리가 좋아지는 두 가지 습관이 몸에 배어 있기 때문이다.

첫 번째는 수업에 집중하고 꾸준히 자기향상을 위해 노력하는 습관이다.

선생님이 한 말을 머릿속으로 되새기고 정리해서 노트에 옮겨 적는다. 필기도 대충 하는 것이 아니라 나중에 다시 봐도 요점이 한눈에 들어오도록 정리되어 있다. 일류대 학생들의 노트가 화제를 모아 책으로 출간되기도 했는데 내가 봐도 그들의 노트정리는 참으로 훌륭했다.

두 번째는 '빨리' 공부하는 습관이다.

앞에서도 이야기했지만 아이들은 자유시간에 좋아하는 일을 하고 싶어 한다. 그러려면 공부도 빨리 끝내고 싶을 것이다. 그래서 빠른 시간 안에 효율적으로 공부하는 방법을 터득한 것이다.

수업 집중력이나 노트필기는 금방 실천하기 어렵겠지만 '빨리' 공부하는 습관이라면 가정에서도 쉽게 따라할 수 있다.

예를 들어, 계산 문제나 한자 풀이는 '5분' 등으로 시간을 설정해놓고 푼다. 짧은 시간 안에 풀려고 하면 그만큼 집중하기 때문에 머리에도 쏙쏙 들어오고 실제 시험에 대비해 빠르고 정확하게 문제를 푸는 연습을 할 수 있다.

시간에 더욱 집중하려면 주방에서 쓰는 타이머를 이용하면 된다. 남은 시간도 한눈에 알 수 있고 정해진 시간이 되면 알람이 울리기 때문에 시작과 끝을 분명하게 의식할 수 있다. 스톱워치로 문제를 푸는 데 걸린 시간을 재고 매일 기록하는 방법도 효과적이다. 경쟁을 좋아하는 아이들은 '어제보다 30초 빨리 풀었다'는 사실에 한층 의욕을 불태운다.

이때 "빨리 풀었으니까 다른 문제도……" 하고 추가하는 것은 금물. 그보다 "속도가 점점 빨라지네" 하고 칭찬하자. 그러면 아이도 '더 빨리 풀어야지' 하고 생각하게 될 것이다.

여기에 한 가지 더 보태자면 머리 좋은 아이는 '왜?'라고 묻는 습관이 몸에 배어 있다.

교과서에 쓰인 내용을 곧이곧대로 받아들이지 않고 늘 '왜 그럴까?' 하고 의문을 품는다. 궁금증을 풀어가는 과정을 통해 지식이 깊어지고 지성도 쌓을 수 있다.

실제 인문계 고등학교의 입시는 '왜?'를 묻는 문제가 꼬리에 꼬리를 문다. 그런 문제를 풀기 위해서는 평상시 의문을 품는 습관이 필요하다.

내가 가르치는 중학교 1학년 학생부터 고등학교 1학년 학생들이 《한비자》《논어》〈마태복음〉 등을 읽고 그 내용을 조목조목 따지고 반박하는 모습을 보면 참 재미있다.

가령 〈마태복음〉에 나오는 '예수가 나병 환자를 고쳤다'는 기록에 대해 "말도 안 돼, 이런 걸 어떻게 믿어" "왜 그렇게 생각해?"라며 친구들과 언쟁을 벌인다. 어떤 현상에 대해 의문을 갖

고 다른 사람과 생각을 교환하는 것도 좋은 습관이 몸에 배어 있

는 것이다.

음악을 들으며 공부하는 습관은
두뇌발달에 좋지 않다

— 아이가 책상에 앉으면 부모는 더 이상 참견하지 않는 것이 좋다. 다만 한 가지, 아이가 헤드폰을 끼고 공부를 하면 즉각 그만두도록 주의를 주자.

헤드폰을 끼고 공부하는 이유를 물으면 "주변 소리가 신경 쓰여서" "집중이 잘 된다" "좋아하는 음악을 들으면 의욕이 솟는다"는 등의 다양한 대답이 나오지만 내 경험으로 미루어 볼 때, 음악을 들으면서 공부하는 아이 중에 머리 좋은 아이는 없다.

당연한 말이지만, 공부에는 집중력이 필요하다. 헤드폰을 끼

　아들 열 살이 되면 교육법을 바꿔라

면 주위의 잡음이 차단되어 집중이 잘될 것 같지만 실은 음악소리 때문에 되레 집중력이 떨어진다. 기껏 공부를 해도 실제 머릿속에 들어오는 것은 80% 정도에 그치고 만다.

그 밖에도 헤드폰을 끼고 공부하는 아이는 재미있고 편한 일에 휩쓸리기 쉬운 경향이 있다.

듣기 싫은 소리는 차단하고 자기가 좋아하는 음악에 빠지는 행동은 인내력을 떨어뜨린다.

공부할 때 음악은 금물. 대신 공부를 끝내면 얼마든지 들어도 좋다. 그러니 음악을 듣고 싶다면 공부를 빨리 마치면 된다. 그렇게 아이를 타이르도록 하자.

지성을 갖추면 인생이 풍요롭다

공부의 목적은 정말 다양하다. 그 목적 중 하나가 진로선택의 폭을 넓히기 위해서지만 실은 그보다 더욱 근본적인 목적이 있다.

'교과서를 읽고 생각한다, 수업을 듣는다, 문제를 푼다.' 이 같은 행위는 지식을 습득하는 한편 지성을 높이는 일이다. 지성의 향상이야말로 공부의 가장 중요한 목적이다. 지식과 지성은 비슷해 보이지만 사뭇 다른 의미를 지녔다. 지식이란 어떤 대상에 대한 기억이다. 컴퓨터에 비유하면 메모리에 해당한다.

한편 지성이란 사고력, 판단력 등의 지적능력을 아우르는 것

아들 열 살이 되면 교육법을 바꿔라

으로 쉽게 말해, 어떤 상황이 닥치더라도 헤쳐 나갈 수 있는 능력이다.

인간은 누구나 지성을 높이고자 하는 욕구를 지녔다. 지적 욕구가 채워지면 아이는 시키지 않아도 공부를 한다. 식욕이 충족되면 기분이 좋아지는 것처럼 지적 욕구가 충족되면 행복감이 높아지고 더욱 지성을 높이고 싶어진다. 게다가 지성을 갖추면 공부는 물론이고 교우관계에도 득이 된다. 그것을 아는 아이는 부모가 어르고 달래지 않아도 알아서 공부를 한다.

내가 주최하는 교실에서는 '지식'이 아닌 '지성'을 키우는 교육을 실천하고자 노력한다. 하지만 아쉽게도 오늘날 교육현장에서는 그러한 교육이 제대로 이루어지지 않고 있다. 아이들은 시험을 잘 보려면 열심히 공부해야 한다고 배운다. 어떤 아이는 점수를 올리기 위해 묵묵히 지식을 쌓고 또 어떤 아이는 점점 공부를 싫어하게 된다. 근본적인 개혁이 없는 한 교육환경은 바뀌지 않는다.

지성을 충족시키는 교육에 관해 조금 더 깊이 들여다보자.

왜 인간은 지성을 높이고 싶어 할까? 이유인즉, 지성을 높임으로써 자기향상을 실현할 수 있기 때문이다. 자기향상이란 글자 그대로 자기 자신을 높이는 일이다. 지성은 자기향상의 한 요인이다.

일을 해서 얻는 보람은 자기향상에서 비롯한다. 일을 통해 지성이 충족되면 자기향상을 이룰 수 있고 일에 대한 의욕도 한층 높아진다. 기술이 느는 것도 자기향상의 하나이다.

하고 싶은 일을 하면서 자기향상을 실현하는 것이야말로 가장 바람직한 형태이다. 하지만 그런 식으로 자기향상이 가능한 일은 대개 '학력'이라는 선발과정을 거친다. 그렇기 때문에 학교 공부를 충실히 해야 한다고 말하는 것이다.

여기서 눈여겨보아야 할 대목이 일본의 실업률이다. 전체 실업률은 4%대를 유지하고 있으나 15~29세 청년실업률은 2012년 3월말 기준 8.3% 수준에 이르렀다. 대신 아르바이트로 생계를 이어가는 청년들이 늘고 있다. 아르바이트도 풀타임으로 일하면 그럭저럭 생활은 할 수 있을 것이다. 하지만 그 일에 자기향상이 있을지 의문을 품게 된다. 심지어 일도 하지 않고 부모에게 기생해 살아간다면 자기향상은 전무하다고 볼 수 있다. 요즘 젊은 층에 만연한 무기력감은 이 같은 자기향상의 부재에서 비

아들 열 살이 되면 교육법을 바꿔라

롯된 것이 아닐까?

혹 오해가 있을까 싶어 덧붙이지만 자기향상의 실현은 일뿐 아니라 취미활동이나 여가생활을 통해서도 가능하다. 실제로 일과는 전혀 관련 없는 분야에서 재능을 꽃피우는 사람도 적지 않다.

인생에 있어 어떤 형태로든 자기 자신을 향상시킬 수 있는지가 매우 중요하다. 탄탄한 학력, 풍부한 인간성, 건강과 체력을 겸비한 '살아가는 힘'을 기르는 교육이란 그러한 방향으로 아이를 이끌어가는 일이라고 생각한다.

지성을 높이는 다섯 가지 힘을 기르자

지성을 높이려면 어떤 공부를 해야 할까?

나는 다음의 다섯 가지 능력을 익히는 것이라고 생각한다.

1. 읽기 능력

2. 쓰기 능력

3. 암산력

4. 논리사고력

5. 시행착오력

아들 열 살이 되면 교육법을 바꿔라

이 같은 능력을 키우는 학습에 힘쓴다면 지성이 충족되고 공부의 난이도가 높아져도 유연하게 대응할 수 있다.

그럼 각각의 능력을 기르는 방법을 소개하겠다.

1. 〈읽기 능력〉을 기르려면

"봄은 새벽녘. 동트는 산기슭이 조금씩 밝아오며 보랏빛 구름이 가늘게 드리운다. 여름은 밤. 휘영청 달 밝은 밤은 더할 나위 없고 칠흑 같은 어둠에 반딧불이가 춤을 춘다……."

일본 수필문학의 대가라 일컬어지는 세이쇼 나곤(淸少納言)의 《마쿠라노소시(枕草子)》의 첫 대목이다. 읽다보면 문장의 독특한 리듬이 느껴질 것이다.

글에 녹아 있는 독특한 리듬을 파악하면서 읽는 것, 이것이 읽기 능력의 기초이다. 초등학교 저학년 때는 책을 소리 내어 읽는 숙제를 내주기도 한다. 아이가 교과서를 또박또박 잘 읽으면 엄마가 동그라미를 쳐준다. 아이의 읽기 능력을 기르기 위해서이다.

새삼스러워 말고 이제라도 아이에게 소리 내어 읽는 연습을 시켜보자. 고전이나 명문으로 일컬어지는 문학작품을 한

구절 한 구절 곱씹어가며 소리 내 읽는다. 그것만으로도 읽기 능력을 기를 수 있다.

하지만 사춘기 아이에게 "어서 읽어보라니까" 하고 재촉해봤자 들은 척도 하지 않을 것이 뻔하다. 그럴 때에는 가족끼리 돌아가며 읽다 중간에 막히는 사람에게 벌칙을 주는 등 놀이 요소를 집어넣는 것도 한 방법이다.

물론 독서도 중요하다. 책을 멀리하는 아이들이 점점 늘고 있다. 책을 읽는 대신 블로그나 트위터 등의 인터넷 매체를 즐기는 시간이 늘었다.

블로그나 트위터도 문자를 읽는다는 점에서는 크게 다르지 않지만 비교적 짧은 글로 의사전달만을 목적으로 하기 때문에 특유의 리듬이나 어감을 느끼기 어렵다.

독서습관이 없는 아이는 국어시험에 출제되는 장문(長文)의 독해문제를 상당히 힘들어한다. 일단 문장을 읽는 데 시간이 오래 걸리고 독해도 안 된다. 우리글도 제대로 못 읽는 아이로 키우고 싶지 않다면 소리 내 읽는 음독과 독서습관을 길러주자.

2. 〈쓰기 능력〉을 기르려면

아이가 글쓰기를 싫어하게 되는 이유는 학교에서 내주는 작문 숙제 때문이다. 작문숙제는 틀에 박힌 형식에 우등생다운 내용을 써서 내면 좋은 성적을 받을 수 있다. 어떤 면에서 형식에 맞게 쓰면 누구나 쓸 수 있는 것이 학교의 작문이다. 그러니 글쓰기가 재미있을 리 없다.

어떻게 하면 글쓰기가 즐거워질까? 가장 좋은 방법은 거짓 이야기 즉, 공상속의 이야기를 자유롭게 쓰는 것이다.

남자아이에게 마음껏 그림을 그려보라고 하면 동물원에 공룡이 출몰하거나 로봇인지 동물인지 모를 희귀한 생물이 날아다니는 '상상'의 세계를 신나게 그린다. 글도 마찬가지이다. 이야기가 펼쳐지는 무대가 미래의 도시라도 좋고 주인공에게 날개가 달려있대도 상관없다. 머릿속에 떠오른 생각을 자유롭게 써도 된다고 하면 글쓰기가 서툰 아이라도 흔쾌히 쓸 것이다.

이야기를 지어내는 것이 힘들어 보이면 간단한 논문이나 수필이라도 좋다. 원자력 발전문제, 환경문제, 가족이나 일상생활 등 스스로 쓰고 싶은 주제를 고르게 하면 된다. 틀에 박힌 형식은 버리자. 스스로 생각하고 느낀 점을 솔직하게 쓰도록 하는 것이 포인트다.

다만 어떤 글을 쓰든지 한 가지 조건을 달자. 독자인 부모나 친구가 재미있게 읽을 수 있도록 쓸 것.

나는 종종 아이들에게 글쓰기는 요리와 같다고 말한다. 고기, 양파, 당근, 감자 따위의 평범한 재료라도 더 맛있는 카레를 만들기 위해 머리를 짜내다 보면 맛도 좋아지고 먹는 사람도 기뻐한다.

글도 글쓴이가 어떤 양념을 곁들여 어떻게 조리하는지에 따라 글맛이 살아난다. 재미있게 써야 한다는 조건을 달면 극적인 장면을 연출하기 위해 기승전결을 만들고 세밀한 묘사를 하는 등 이런저런 고민을 할 것이다. 그러면 자연히 글쓰기 능력이 향상된다.

아이가 더 자유롭게 글을 쓸 수 있도록 필명을 사용하는 것도 좋은 방법이다. 나 역시 학생들에게 필명을 쓰도록 하고 있지만 나로서는 상상도 못할 기발한 발상이 돋보이는 글을 읽을 때면 감탄하기도 하고 웃음을 터트리기도 한다.

자신이 쓴 글을 재미있게 읽어주는 사람이 있다는 사실을 알면 글쓰기에 품었던 거부감이 사라지고 쓰기 능력도 쑥쑥 자랄 것이다.

아들 열 살이 되면 교육법을 바꿔라

3. 〈암산력〉을 기르려면

먼저 17×18을 암산해보자. 여러 방법이 있지만 가령 17의 10배가 170이고 17의 8배는 136이므로 136과 170을 더하면 306이라는 답이 나온다. 이러한 계산식과 답을 금방 구할 수 있는 능력이 암산력이다.

필산과 다른 점은 응용력이 필요하다는 것이다. 18을 10과 8로 나눠 각각 곱하는 발상이 없으면 쉽게 계산이 안 된다. 또한 응용력과 더불어 기억력이 요구된다. 17×8=136이라는 숫자가 나왔을 때 처음 계산한 170이라는 숫자를 기억하지 못하면 둘을 더할 수 없기 때문이다. 또 17×18=17×2×9=34×9로 변형시켜 34의 10배인 340에서 34를 뺀 340-34=306으로 계산할 수도 있다.

암산력을 기르면 수학 성적이 오를 뿐 아니라 어떤 질문을 받았을 때 금방 정확한 답을 이끌어 내거나 기지를 발휘할 수 있다.

현명한 사람을 두고 '머리가 좋다' '머리 회전이 빠르다' 고들 하는데 그것은 곧 암산력이 뛰어나다는 말이다. 머리 회전이 빠르면 남에게 속을 일도 없다.

암산력을 기르려면 무조건 반복해서 연습해야 한다. 그렇다고 종일 책상에 앉아 있을 필요는 없다. 가령 가족끼리 외식을 할 때는 "아빠가 시킨 돈가스 세트는 19,800원, 엄마의 스파게티는 12,600원, 네가 시킨 햄버거 세트는 18,400원이야. 다 합치면 얼마일까?"라든지 "우리 집 식비는 매월 65만원인데 1년이면 얼마나 될까?" 하는 식으로 일상생활에 관련된 숫자를 예로 들어 암산을 시킨다. 습관이 되면 종이에 쓰는 필산이나 계산기를 두드리는 일이 오히려 귀찮게 느껴질 것이다.

4. 〈논리사고력〉을 기르려면

논리적이라는 것은 자신의 생각(주장)과 결론을 충분한 논거를 바탕으로 정확하게 설명하고 증명할 수 있다는 뜻이다. 매사를 그런 과정을 거쳐 생각하는 능력이 논리사고력이다.

예를 들어, 미성년자는 담배를 피우면 안 된다는 주장을 할 때 법률상 흡연은 만 19세 이상부터 가능하다는 점, 흡연으로 인한 니코틴, 타르가 청소년기의 성장을 저해하는 점 등의 논거를 대고 '그렇기 때문에 안 된다'고 결론짓는 것이 논리적 사고이다.

그와 대조적인 것이 감정적 사고이다. 미성년자는 담배를 피우면 안 된다며 다짜고짜 야단부터 치는 것이 감정적 사고에 해당한다.

논리적 사고가 뛰어난 사람은 자신의 생각을 명확하게 전달할 뿐 아니라 다른 사람의 이야기를 듣는 중에도 귀착점을 찾아낸다. 가령 A, B, C의 세 가지 귀착점이 있다 해도 그 후 전개될 이야기를 통해 B와 C를 제외하면 자연히 A가 답이라는 것을 알게 된다.

논리사고력은 아이가 커서 직장생활을 하게 되면 더욱 효과를 발휘한다. 상대보다 빠른 논리적 사고가 가능하기 때문에 거래나 협상을 주도적으로 이끌어갈 수 있다. 귀착점을 빨리 찾아낼수록 상대를 설득하기도 쉽다. 여기에 앞서 이야기한 암산력이 더해지면 범이 날개를 단 격이다.

논리사고력은 수학으로 단련할 수 있다. 방정식은 논리사고력을 기르는 데 단연 최고이며 암산 훈련도 매사를 논리적으로 생각하는 힘을 길러준다.

놀이라면 퍼즐이나 바둑 또는 장기를 추천한다. 바둑이나 장기는 형세를 가늠하고 승리하기 위해 당장 어떤 수를 두어야 할지를 생각한다. 이런 과정을 통해 논리적 사고를 단련할 수 있다.

5. 〈시행착오력〉을 기르려면

시행착오력을 기르면 크게 두 가지 이점이 있다.

첫째, 결론을 이끌어 내는 데는 수많은 과정이 있다는 것을 이해하게 된다. 그로 인해 유연성이 길러진다. A라는 결론에 도달하려면 B라는 방법도 있고 C라는 방법도 있다. 만약 B가 잘되지 않으면 C로 방법을 바꾸는 유연한 사고를 하게 된다.

둘째, 자신감이 생긴다. 스스로 검증한 결과, A라는 결론에 이르렀다면 그것은 흔들림 없는 반석이 된다. 남들이 무슨 말을 하든지 자신이 선택한 방법을 최선이라고 확신한다.

엄마들이 이해하기 쉬운 예로 요리를 들 수 있다. 고기를 굽는 데 200도의 오븐에서 30분을 굽는 것이 좋을지 250도로 20분 굽는 것이 좋을지 실제 시험해보고 검증하는 것이 다름 아닌 시행착오이다. 그런 경험이 있으면 고기의 크기나 두께에 따라 온도나 시간을 변경할 수 있다.

그런데 세상 엄마들은 아이들이 시행착오할 기회를 일부러 빼앗는다.

예를 들어, 아이가 요리를 하려고 하면 옆에 서서 골고루 볶으라든지 조미료를 넣으라며 시시콜콜 간섭을 한다. 아무리 맛있

아들 열 살이 되면 교육법을 바꿔라

는 요리가 완성되었다고 해도 아이는 전혀 발전하지 않는다. 중요한 것만 일러주고 나머지는 아이 스스로 하게끔 한다. 시행착오력을 기르기 위해 가장 유의해야 할 점이다.

앞에서도 이야기했지만, 나는 자전거 여행을 통해 시행착오력을 길렀다. 같은 목적지라도 어떤 길을 지나는 것이 좋을지 조사하기도 하고 때로는 목적지 없이 선로를 따라 내내 달리기도 했다.

논리사고력과 마찬가지로 퍼즐이나 바둑 또는 장기도 시행착오력을 기르는 데 효과적이다. 아이는 시행착오를 거듭하는 동안 머리가 좋아진다. 아이의 두뇌발달을 돕지는 못할망정 방해는 하지 말자.

두 글자로 된 추상어의 사용은 아이를 똑똑하게 한다

— 먼저 묻고 싶다. '관념'과 '이념'의 차이를 답할 수 있는가? 어렴풋이 알 것 같은데 막상 말로 표현하자니 막막하게 느껴질지 모른다.

'관념'이란 어떤 일에 대한 넓은 견해나 생각을 뜻하며 그러한 관념 중에서도 핵심적이고 이상적인 견해와 생각을 뽑아낸 것이 '이념'이다. 즉, '이념'은 '관념'의 부분집합이라고 할 수 있다.

학습내용의 난이도가 높아질수록 이러한 두 글자 추상어가 늘어난다. 교과서, 참고서, 시험문제 등등. 특히, 국어시험의 지문을 이해하고 독해하는 데 추상어가 결정적인 역할을

아들 열 살이 되면 교육법을 바꿔라

하는 경우가 곧잘 있다. 추상어의 이해도는 지식의 습득
에 커다란 영향을 미친다.

내 경험을 통해 보면 추상어를 능숙하게 구사하는 사람은 고
학력에 국가시험 합격률도 높은 경우가 많다. 사회계층의 정점
에 가까이 다가갈 수 있는 것이다.

하지만 사전을 통째로 외운다고 추상어를 능숙하게 구사할 수
있는 것은 아니다. 앞서 말한 '관념'을 사전에서 찾아보면 다음
과 같다.

1. 어떤 일에 대한 견해나 생각
2. 현실에 의하지 않는 추상적이고 공상적인 생각
3. 〈불교〉 마음을 가라앉혀 부처나 진리를 관찰하고 생각함
4. 〈철학〉 어떤 대상에 관한 인식이나 의식 내용

이런 뜻을 전부 외운다고 해도 관념이라는 단어를 정확하게
사용할 수는 없을 것이다.

그래서 추천하는 방법이 추상어를 섞은 대화이다. 아이
와 이야기할 때는 물론이고 부부 간의 대화에도 가능한 한 추상

어를 섞어가며 이야기한다. 평소에 자주 접하면 시험문제로 나와도 겁먹지 않고 의미를 잘 헤아려 옳은 답을 가려낼 수 있다.

가령 가족이 모여 고등학교 진학에 관한 이야기를 나눈다면 이런 대화가 될 것이다.

"A고등학교는 스포츠 명문이라는 관념이 있기는 하지만 실은 문무양도(文武兩道)를 교육이념으로 삼고 있대. 어때, 괜찮지 않니?"

"무조건 A고등학교에 가라고 주장하는 건 아니야. 단지 그 학교가 네게 잘 맞을 것 같다고 시사하고 있을 뿐이지."

"일단 학교에 직접 가보고 숙고해보자꾸나. 아빠는 네 선택을 존중해, 스스로 정한 길에 매진하는 것이 가장 좋은 일이니까."

다소 딱딱하게 들릴지 모르지만 크게 위화감 없이 추상어를 섞어가며 이야기할 수 있다. 아이가 말뜻을 물으면 그 자리에서 가르쳐주는 것도 중요하다. 또 뉴스나 신문에 나오는 추상어를 눈여겨보면 더 많은 단어를 사용할 수 있다.

부모가 뜻을 설명하지 못할 때에는 "잘 모르겠으니 네가 찾아보고 가르쳐주지 않을래?"라며 아이를 적극적으로 움직이게 한다. 부모와 아이가 함께 배울 수 있으니 일석이조가 아닐까?

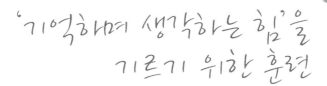

'기억하며 생각하는 힘'을 기르기 위한 훈련

—   '기억력'이라고 하면 암기를 떠올리는 사람이 많다. 암기란 오로지 지식이나 정보를 머릿속에 주입하는 일이다. 한자든 영어단어든 무조건 암기하면 그런대로 좋은 성적을 얻을 수 있을지 모른다.

그러나 암기력에는 한계가 있다. 인간의 뇌는 컴퓨터 메모리처럼 쉽게 늘릴 수 없다. 언젠가 한계에 부딪히고 공부가 싫어진다. 지금껏 그런 사례를 수없이 보아왔다.

내가 생각하는 '기억력'이란 '선명한 이미지'와 '빠른 연결'에 있다. 이 둘을 구사하면 무한대로 기억할 수 있다고 해도 과언이 아니다.

먼저 '선명한 이미지'란 머릿속에 떠오른 이미지로 기억하는 방법이다. 쉽게 말해, '코끼리'라고 들으면 'elephant'라는 단어가 떠오르는 동시에 코가 긴 코끼리의 모습이 그려지는 식이다.

예컨대 한 번쯤 지난 적 있는 길을 또 다시 헤매는 이유는 그 길을 머릿속에 선명하게 그리지 않았기 때문이다. '두 번째 모퉁이에 편의점이 있고 그 모퉁이를 돌면 세탁소가 보이고……' 이렇게 마치 영상을 보듯 뇌리에 새기면 더는 헤매지 않을 것이다.

한자든 영어단어든 이미지로 기억하는 습관을 들이면 기억력이 눈에 띄게 향상된다.

앞서 이야기한 암산력도 마찬가지이다. 머리로 숫자를 떠올리면서 쓰면서 계산을 하면 자릿수가 늘어도 간단히 계산할 수 있다.

쓰면서 외우라고 가르치는 선생님이 있는데 쓰는 것도 실은 이미지를 머릿속에 아로새기는 과정이다. 처음부터 이미지로 기억하는 편이 굳이 쓰면서 외우는 것보다 효율적이다. 실제로 나는 먼저 이미지로 기억하게 한 뒤 확인 삼아 종이에 한 번 써보도록 지도한다.

아들 열 살이 되면 교육법을 바꿔라

프로 바둑기사나 장기기사들은 이렇게 기억하는 습관이 몸에 배어 있다. 대국을 마치면 자신과 상대의 수를 처음부터 순서대로 노트에 기록하는 훈련을 한다. 이미지로 기억하지 않는 한 경기 내용을 전부 기록하는 것은 불가능하다. 그래서인지 프로기사들은 기억력이 남달리 뛰어나다.

일본의 프로 장기기사 하부 요시하루(羽生善治)는 머릿속으로 경기의 판세를 그리기 때문에 장기판이 필요 없다고 말했다. 또한 장기명인 마스다 고조(升田幸三)는 수십 마리의 새가 날고 있는 사진을 잠깐 보고 머릿속으로 새가 몇 마리였는지 정확하게 셌다는 일화를 남긴 놀라운 기억력의 소유자이다.

한편 '빠른 연결'이란 한 가지 일을 다른 일과 동시에 기억하는 방법이다. 토끼라고 하면 눈, 당근, 남천나무의 붉은 열매 등을 연결해 기억한다든지 호주라고 하면 캥거루, 코알라, 쇠고기 등을 함께 떠올린다.

이처럼 특정한 대상을 다수의 사물과 연결해 기억하면 머릿속에는 다양한 형태의 기억이 생겨나고 잊어버렸을 때에도 쉽게 기억을 떠올릴 수 있다.

단어로 치면 반의어와 파생어를 함께 기억하는 편이 단연 효과가 뛰어나다. '주관'이라고 하면 '객관', '추상'이라고 하면 '구상'을 동시에 기억하고 영어도 단어 하나하나를 기억하기보다 'subject' 'object' 'objection' 'subjection' 'objective'와 같은 식으로 기억하는 편이 기억하기도 쉽고 어느 것 하나를 잊어버려도 다른 하나를 단서로 기억을 떠올릴 수 있다. 이런 방식에 익숙해지면 머릿속으로 명료하게 그려지지 않는 것을 어떻게 기억할 수 있는지 의문이 들 정도다.

아들 열 살이 되면 교육법을 바꿔라

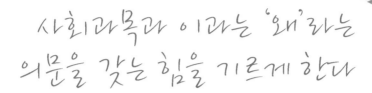

사회과목과 이과는 '왜'라는 의문을 갖는 힘을 기르게 한다

사회과와 이과를 기피하는 아이들에게 이유를 묻자 대부분 "외워야 할 것이 너무 많고 재미없다"고 대답했다. 사회과와 이과를 암기 과목이라고 오해하는 아이들도 많다. 실제 학교 수업에서는 교과서에 쓰인 사실을 나열하고 무조건 외우라고 가르친다. 그러니 재미있을 리 없다.

사회과와 이과는 '왜?'라고 묻는 힘을 기르는 학문이다. 지식을 익히는 것은 부수적인 문제다. '왜?'라는 궁금증을 풀어가는 과정 자체가 재미있고 그러면서 '왜?'라고 묻는 힘도 저절로 길러진다.

세계사를 예로 들면, 1215년에 영국에서 '대헌장'이 제정된 이유는 무엇일까? 13세기 원나라는 왜 일본을 침략했을까? 등의 의문을 품는다.

이과라면 질량보존의 법칙은 실생활에 어떻게 이용되고 있을까? 아인슈타인의 중력과 뉴턴의 만유인력은 무엇이 다른가? 등의 궁금증이 싹트기도 한다. 어린아이는 "저녁놀은 왜 빨간색일까?" "새는 어떻게 하늘을 날지?" 하고 모든 일에 의문을 품는다. 즉, 사람은 누구나 '왜?'라고 묻는 힘을 지니고 태어났다.

하지만 교육을 받으면 받을수록 '왜?'라고 묻는 힘을 잃는다. 그렇게 되면 지성은커녕 지식도 쌓기 어렵다.

학교교육의 부족한 부분은 가정에서 메우는 수밖에 없다. 예를 들어, 텔레비전 뉴스를 보면서 "소비세가 곧 오르려나? 소비세를 왜 올려야 하는 걸까?"라며 아이에게 묻는다거나 "페트병에 녹차를 넣어 얼렸더니 이렇게 부풀어버렸어, 왜 그런 거지?" 등등 자연스럽게 아이의 궁금증을 유발해 보자.

만약 아이가 "왜?"라고 물으면 "글쎄, 왜 그럴까? 네가 한 번 찾아볼래?" 하고 아이에게 되묻거나 부모가 함께 알아보는 것도 좋다.

아들 열 살이 되면 교육법을 바꿔라

설령 답을 알아도 바로 가르쳐주지 말자. "인터넷 홈페이지가 있던데?" "그 책에 자세히 나와 있을지 몰라" 하고 힌트를 준다든지 시간이 허락한다면 박물관이나 명승고적을 답사하는 방법도 있다.

또 "이왕 조사했으니 정리해보면 어떨까?" 하고 권하면 글쓰기 연습도 된다. 더러는 부모가 더 열의를 보이기도 하는데 그런 모습도 아이에게는 좋은 모범이 된다. 아이 스스로 '왜?'라는 의문을 해명한다면 교과서에서 얻는 것보다 훨씬 깊은 지식을 쌓을 수 있다.

의문이 풀리는 순간의 희열을 맛보면 '왜?'라고 생각하는 것이 습관이 된다. 지성의 출발점은 바로 여기서 시작된다.

잘 노는 아이가
머리도 좋다

—   나는 지금껏 다른 저서를 통해 남자아
이는 마음껏 놀게 해야 한다고 주장했다. 물론 여기서 말하는
'놀이'는 컴퓨터게임처럼 스위치만 누르면 되는 놀이가 아니다.
아이들에게는 나무에 오르거나 계곡에서 가재를 잡는 등 자연을
벗 삼아 노는 놀이, 술래잡기나 숨바꼭질처럼 무리지어 노는 놀
이, 퍼즐 등의 머리를 쓰는 놀이가 필요하다.

그런 놀이를 유아기 때부터 충분히 해온 아이는 본격적으로
공부를 해야 할 시기가 오면 자연스럽게 공부에 집중한다.

이유를 묻는 엄마들에게 나는 비어 있는 바구니를 떠올려보라

아들 열 살이 되면 교육법을 바꿔라

고 말한다. 남자아이들은 저마다 마음속에 빈 바구니를 가지고 있다. 그 바구니에 놀이를 통해 얻은 경험을 하나 둘 채워나간다. 바구니가 꽉 차서 더 이상 넣을 수 없게 되면 자연히 놀이에서 공부로 마음이 향한다.

게다가 놀이로 얻은 다양한 경험은 인생을 살아가는 힘이 되고 공부에 도움이 되기도 한다. 이를테면, 나무에 오를 때는 어디에 발을 디뎌야 가지가 부러지지 않는지를 터득하면서 지렛대의 원리를 배우고, 퍼즐은 논리사고력을 기르는 데 도움이 된다.

"놀지만 말고 공부 좀 해."

이렇게 혼내는 엄마들이 많지만 놀이도 공부의 일환이라고 생각하고 마음껏 놀게 하자.

덧붙이면, 유아기에는 뭐든지 한 가지 일에 푹 빠져보는 것도 좋은 경험이다. 곤충채집이든 식물재배든 철도에 관한 것이든 뭐든 상관없다. 아이 스스로 흥미로운 일을 찾아내고 옆에서 말을 걸어도 모를 만큼 집중하는 것. 이것이 핵심이다.

사실 이것은 이탈리아의 교육자 몬테소리(Maria Montessori)가 제창한 교육법으로, 내가 가르치는 아이들 중에도 열심히 공부하지 않아도 성적이 좋은 아이들은 대개 유아기에 이러한 체험을 했다. 다시 말해, 오감이 발달하는 유아기에 이런 경험을 시키면 영민한 아이로 자란다는 말이다.

이처럼 놀이나 흥미로운 일에 집중하는 경험은 아이가 사춘기를 맞으면 시기를 놓쳤다고 생각하기 쉬운데 반드시 그런 것만은 아니다.

어느 날, 옛 제자에게 전화가 걸려왔다. 도쿄대학교를 졸업하고 광고회사에 취직한 그의 말에 따르면, 광고회사처럼 창의력을 요구하는 직장에서 두각을 나타내는 사람은 명문대학인 와세다나 게이오대학교 출신보다 메이지나 호세이 혹은 릿쿄대학교 등 소위 '이류'라 불리는 사립대 출신들이라고 한다. 그들은 중고등학교 시절에는 서클활동에 열을 올리고 축제나 운동회 등의 학교행사도 마음껏 즐긴 데다 연애도 하고 실연도 겪는 등 다양한 경험을 해왔다. 그래서 재미있는 아이디어를 속속 내놓는다는 것이다.

그러고 보니 중학교 때부터 공부만 해온 도쿄대생이나 도쿄대를 꿈꿨지만 결국 와세다나 게이오대학교에 들어간 학생들은 청춘의 즐거움은 뒤로 한 채 공부에만 매달려 다양한 경험을 해보지 못했다. 당연히 참신한 기획도 떠오르지 않거니와 의사소통 능력도 떨어져 타사와의 경합에도 불리한 면이 있을 것이다.

최근에는 도쿄대 출신이 많은 기업은 쉽게 쓰러진다는 말까지 나도는 실정이다. 모 항공사를 비롯해 모 전력회사도 마찬가지이다. 필기시험 성적은 뛰어나지만 창의적 발상이나 과감한 도전정신이 부족해 결과적으로 기업의 생산력 저하를 초래한다는 것이다.

공부를 잘하면 더없이 좋겠지만 공부가 아닌 다른 무언가에 열정을 쏟아본 경험도 공부 못지않게 중요한 시대가 되었다.

학원을 지혜롭게
이용하는 방법

자녀교육에 관해 내게 주로 상담하는 내용은 학원 선택이다. 시기적으로 많을 때는 대략 5월 하순부터 6월 초순경이다. 연초부터 학원에 보냈지만 영 신통치 않자 여름방학 강좌를 들어야 할지 고민 끝에 찾아오는 경우가 많다.

A의 부모가 나를 찾아온 것도 여름방학 강좌가 시작되기 얼마 전 무렵이었다. A는 당시 초등학교 4학년이었다. 시험 철이 지난 2월 말경부터 역 근처의 유명학원에 다니기 시작했다고 한다.

처음에는 사회과와 이과를 포함한 네 가지 과목을 선택했지만 숙제가 너무 많다고 A가 우는 소리를 하자 얼마 안 돼 국어와 수

　　　　　　　　　　　아들 열 살이 되면 교육법을 바꿔라

학 두 과목 코스로 변경했다. 그래도 숙제는 여전히 많은데다 "일 주일에 한 번 가는 것조차 질색하는데 어떻게 해야 할까요?" 라며 부모는 한숨을 지었다.

고민하는 부모 옆에서 A는 셔츠 밑에 손을 집어넣고 장난을 치고 있었다. 그러다 손장난도 싫증이 났는지 이번에는 손가락을 물어뜯기 시작했다. 그런 아이의 모습을 보고 나는 직감했다. 바로 퇴행현상이었다. A는 '어린아이로 되돌아간' 상태였다.

퇴행현상은 의사표현이 서툰 아이들이 예상치 못한 일에 휘말렸을 때 종종 나타난다. 동생이 태어나면서 부모의 관심을 빼앗겼다고 느낀 아이가 퇴행현상을 겪는 일은 더러 있지만 A는 외동아들이었다.

전부터 그런 버릇이 있었느냐고 묻자 학원에 다니면서부터 생긴 버릇이라고 했다. 학원은 A가 바라서가 아니라 부모의 권유로 다니기 시작했다고 한다. A의 친구들이 대부분 학원에 다녔기 때문에 '우리 아이도 학원에 보내야 하지 않을까' 하는 생각이 들었다는 것이다.

"아이야 학원에 다니기 보다는 놀고 싶어 했지만요."

아니나 다를까 내 짐작이 맞았다. 퇴행현상의 원인은 분명 학원 때문이었다. 본인의 의사와 상관없이 맞지도 않는 환경에 처해 산더미 같은 숙제에 짓눌려있던 탓에 퇴행현상을 일으킨 것이다.

나는 부모에게 이렇게 물었다.

"A는 올되는 편인가요? 아니면 늦되는 편인가요?"

농작물은 올되거나 늦되는 품종이 있다. 마찬가지로 아이의 발육도 올되거나 늦되는 두 가지 유형으로 나눌 수 있다. 그리고 이러한 유형이 실은 학원선택과 깊은 관련이 있다.

A의 경우, 초등학교 4학년인데도 겉모습이나 행동거지는 초등학교 저학년 아니, 장난감을 손에 쥐고 잠드는 어린아이와 같았다. 그런 인상이 틀리지 않았던 듯 아이 아빠는 망설임 없이 대답했다.

"우리 애는 늦되는 편입니다. 저도 그랬으니까 유전인지도 모르겠네요."

그 대답을 듣고 나는 분명히 말했다.

"적어도 지금 다니고 있는 학원은 A에게 맞지 않습니다. 당장이라도 그만두라고 말씀드리고 싶군요."

내가 이렇게까지 단언한 이유는 분명하다. 이유는 이후 설명하기로 하고 먼저 학원 이야기부터 하기로 하자. 학원을 고를 때 가장 먼저 눈에 들어오는 것은 이름난 대형학원일 것이다.

사람들로 붐비는 역 주변에는 대개 이런 대형학원들이 몰려있다. 그 모습을 보면 나는 늘 외식체인점이 떠오른다. 역 근처에 죽 늘어선 모습은 물론이고 경영 방식까지 학원과 외식체인점은 상당히 비슷한 점이 많다.

외식체인점은 점포수와 입지로 승부한다. 역 주변과 같이 사람이 많이 모이는 장소에 얼마나 많은 점포를 내는지에 따라 영업 실적이 좌우된다. 대형학원도 마찬가지이다. 목 좋은 곳에 잇달아 학원을 차리고 이윤을 추구하는 기업이다.

그렇기 때문에 학생들을 모으기 위해 온갖 수단과 방법을 동원한다. 광고회사에 의뢰해서 그럴듯한 광고를 한다든지 맞벌이 가정이 많은 요즘에는 '부모님이 퇴근하고 오실 때까지 아이의 공부를 책임지겠습니다' 라는 문구로 부모들을 유혹하는 곳도 있을 정도이다.

'상품' 을 취급하는 방식에도 공통점이 있다. 외식업체가 대량으로 조리한 음식을 각 체인점에 공급한다면 대형학원은 지도법을 체계화한 교재를 대량으로 찍어내고 거기에 맞춰 아이를 지도한다. 둘 다 어떤 의미에서 공산품화 되어 있다.

게다가 점장, 학원으로 말하면 학원장은 나름 경험 있는 사람이 맡겠지만 일개 직원인 강사진은 대부분 대학생 아르바이트이다. 텍스트 지상주의를 표방하는 대형학원은 외식체인점과 마찬가지로 직원이 전문가여야 할 필요가 없다.

그 점이 동네 아이들을 모아서 소규모로 운영하는 개인학원과 크게 다른 점이다. 원래 학원이라는 것은 큰돈을 버는 사업이 아니다. 그럼에도 불구하고 대형학원이 전국각지에서 성업 중인 이유는 체인화된 경영방식에 있다.

여기서 한 가지 비화를 공개하자면, 대부분의 사람들은 대형학원의 강사 아르바이트비가 꽤 높을 것이라고 알고 있다. 특히, 명문대생은 여기저기서 모시려고 할 테니 수당도 다른 학생들보다 높을 것이라고 생각한다. 그러나 내가 가르쳤던 학생의 말에 따르면 시간 당 1500엔 전후로 일반 아르바이트보다 조금 나은 정도라고 했다. 오후 6시부터 10시까지 4시간 수업으로 하루 1만 엔이라는 고수입을 내세웠던 학원도 막상 뚜껑을 열어보면 '강의 준비를 위해 오후 2시에는 출근해야 한다' 는 내부지침 때문에 결국 8시간 일하는 셈이었다. "시급으로 치면 1200엔 정도

밖에 안 되는 데다 전화응대까지 시키더라고요"라며 푸념했다.

가정교사라면 좀 더 수입이 높을 것 같지만 기업이 경영하는 가정교사 파견회사에서는 학생집까지 가서 수업을 하고도 회당 2000엔 정도밖에 받지 못한다고 한다. 즉, 경영 규모가 큰 곳일수록 본사의 상층부만 실속을 채우는 구조이다.

다시 원래 이야기로 돌아가자. 그렇다고 외식체인점이 필요 없는가 하면 결코 그렇지 않다. 바쁠 때는 패스트푸드점에서 간편하게 식사를 해결할 수 있고 가격도 저렴하기 때문에 주머니 사정이 좋지 않을 때에도 부담 없이 들를 수 있다. '체인점이니까 맛도 서비스도 딱 그 정도 수준'이라고 받아들이고 이용하는 것이다.

대형학원도 '배울 수 있는 것은 딱 그 정도 수준'이라는 사실을 받아들이고 아이를 보내면 될 텐데 안타깝게도 많은 부모들이 그 점을 오해하고 있다. '아이들 한 명 한 명을 세심히 살피고 각자 수준에 맞는 학습을 지도합니다'라고 하는 선전 문구를 곧이곧대로 믿는다. 말하자면, 패스트푸드점에 가서 일류 레스토랑 수준의 맛과 서비스를 요구하는 것이나 마찬가지이다.

분명히 말하지만, 대형학원에 다녀서 효과를 보는 것은 성적이 상위 3분의 1에 속하는 아이들뿐이다. 성적이 우수한 아이들을 특별 대우하는 학원도 많은데, 이유는 그 아이들이 명문학교에 합격하면 학원의 실적이 높아지고 학생들이 몰리기 때문이다. 입시철만 되면 '○○학교 ××명 합격' 따위의 실적을 보란 듯이 내건다. 그런 실적을 보고 학원을 선택하는 가정이 많을 것이다. 그것이 바로 대형학원이라는 기업의 숨은 의도이다.

실제 대형학원에서는 아무리 능력별로 반 편성을 한다 해도 '아이들 개개인의 학력에 맞는 세심한 지도'를 하지 않는다. 앞에서도 말했듯 대량으로 찍어낸 교재 몇 권을 나눠주고 거기에 따라 지도하는 것이 기본방침이다.

상위 3분의 1에 속하는 아이들이라면 그런 방식에서도 스스로 학업을 닦는 이른바 자기주도 학습이 가능하고 숙제가 많아도 무난히 소화할 수 있을 것이다. 그러면 자연히 학력이 향상된다.

그러나 애초에 공부하는 습관이 없고 수업 진도를 따라가는 것조차 벅찬 데다 산더미 같은 숙제에 치여 끙끙대는 아이는 성적이 좋아지기는커녕 괜한 고생만 할 뿐이다.

만에 하나, 입시에 실패해도 "댁의 아드님은 교재에 충실하지 않았군요"라는 말 한 마디면 끝이다. 즉, 비싼 학원비를 내고 대형학원에 보내봤자 전혀 도움이 되지 않는다는 말이다.

그렇다면 개별지도를 하는 학원에 보내면 되지 않을까, 하고 생각할지 모르지만 집단으로 수업을 하는 학원과 상황은 별반 다르지 않다. 개별지도라고는 해도 대개 2~3명의 강사(물론 대학생 아르바이트이다)가 아이들 사이를 돌아다니면서 공부를 봐줄 뿐이다.

자기 주도적으로 공부하는 아이라면 모르는 문제는 물어가면서 소상히 배울 수 있지만 '뭘 모르는지도 모르는' 아이에게는 그저 똑똑한 형과 함께 공부할 수 있어서 좋았다는 정도의 성과밖에 얻지 못한다.

그래도 정 학원에 보내야겠다면 아이 한 사람 한 사람을 세심하게 지도해줄 동네 개인 보습학원에 보내는 편이 도움이 될 것이다.

학원의 진실을 알았으니 올되는 아이와 늦되는 아이에 관한 이야기로 돌아가자.

아이들의 마음의 발달은 저마다 달라서 올되는 아이 다시 말해, 조숙한 아이가 있는가 하면 늦되는 아이도 있다. 어느 쪽이 좋고 나쁘다는 말이 아니라 어디까지나 개개인의 성장곡선이 다르다는 뜻이다. 초등학생인데도 어른처럼 키가 큰 아이가 있는가 하면 중고등학교 때부터 급격하게 키가 크는 아이가 있는 것처럼 말이다.

그런 차이가 나는 이유로는 우선 출생한 달의 차이를 들 수 있다. 생일이 빠른 아이는 그만큼 같은 학년 아이들에 비해 마음의 발달이 늦고 나이보다 어리다. 또 하나는 조금 전 A의 아빠가 말했듯 유전도 있을 것이다. 부모가 늦되는 편이었다면 아이도 성장이 더딘 경우가 많다.

초등학교를 지나면서 차이는 점차 좁아져 대략 14세쯤 그러니까 사춘기를 맞을 무렵에는 늦되는 아이도 올되는 아이와 비슷해진다. 늦돼서 걱정할 필요는 없지만 교육이든 훈육이든 그 점을 충분히 고려해야 한다.

학원의 경우, 대형학원에 잘 적응하는 쪽은 올되는 아이이다. 나이에 비해 어른스럽고 생각이 깊어서 다소 무리가 되더라도 학원 방침에 따라 대량의 숙제도 참고 해낼 것이다.

한편, 늦되는 아이는 여러 면에서 더디다. 기껏 학원에 보내고 가기 싫어하고 상담에 온 A처럼 퇴행현상을 일으키는 등의 문제가 불거지기도 한다.

그럴 때는 무리하게 학원에 보낼 필요 없다. 늦되는 아이에게는 사립중고등학교 시험도 권하지 않는다. 공부는 필요한 최소한의 것만 머리에 넣는다고 생각하고 학원에 다닐 시간은 그맘때가 아니면 경험할 수 없는 놀이에 투자하는 편이 훨씬 뜻있는 일이다.

물론 운동을 시키는 것도 좋다. 가능한 한 많은 체험을 시키면 에너지가 축적되어 마음도 성장하고 중학교 때 다시 학원을 다니게 되더라도 전과 달리 집중할 수 있다.

많은 경험을 쌓은 후 그중에서 정말 자신이 하고 싶은 일을 찾아내 특화한다면 그것만큼 강력한 무기는 없을 것이다. 중고등학교 입시열기가 유행처럼 번지고 있는 요즘, 내 아이를 돌아보지 않고 유행을 좇아서 좋을 것은 하나도 없다.

참고로 나도 어릴 때는 늦돼도 한참 늦된 철부지였다. 그렇기 때문에 '천천히 크는 것도 나쁘지 않다'고 자신 있게 말할 수 있다.

남자아이의 자신감을 키우려면

— 　　　　　　인간은 본래 머리가 좋고 용기도 있다. 나는 그렇게 확신한다. 누구나가 뛰어난 능력을 간직하고 있다. 그렇기 때문에 이 지구상에서 몇 백 만년동안 살아남을 수 있었다. 그렇게 생각하지 않는가?

다만 그 능력은 수면 아래로 감춰져 있다. 누군가 발견하고 끌어내주지 않으면 그대로 묻혀버릴 것이다. 그러기에는 사그러진 능력이 너무 아깝다.

'자신감' 도 마찬가지이다. 자신감은 '스스로를 믿는 힘' 이다. 인간은 누구나 자신감의 '씨앗' 을 품고 있다.

그 씨앗을 크게 키우는 것은 '체험' 뿐이다. 과거 남자아이들은 평소 놀이를 통해 자신감을 키우는 체험을 쉽게 할 수 있었다.

예를 들면, 나무타기가 있다. 어릴 때는 나무에 매달리지도 못하지만 동네 형들이 나무에 오르는 모습을 보고 흉내 내면서 조금이라도 높이 오르려고 애썼다. '떨어지는 거 아닐까' '가지가 부러지면 어떡하지' 하는 공포심을 극복하면서 목표했던 가장 높은 곳에 도달했을 때의 성취감과 우월감이란……. 그렇게 얻은 자신감은 또 다른 도전을 낳는다.

아쉽게도 요즘은 나무타기를 할 수 있는 장소가 없다. 공원에서도 나무에 오르는 것은 금지되어 있다. 혹 나무에 올라도 된다고 해도 위험하니까 오르면 안 된다며 부모가 말리고, 모범을 보여줄 동네 형들도 없다. 그 결과, 공원은 언젠가부터 카드게임을 하거나 휴대형 게임기를 가지고 노는 '아지트'가 되고 말았다.

카드게임은 얼마나 강한 카드를 모으는지가 승패를 가른다. 당연히 카드를 모으려면 돈을 주고 사야한다. 즉, 용돈을 많이 받는 아이가 승자가 되는, 자본주의의 산물이나 다름없는 게임이다. 휴대형 게임도 가상세계의 승부로 이기면 친구들에게 자랑거리는 될 수 있을지 몰라도 자신감은 얻지 못한다. 그런 상황에서 아이의 자신감을 싹 틔우려면 의식적으로 자신감을 북돋우는 체험을 시키는 수밖에 없다.

노력하지 않으면 달성할 수 없는 적당한 과제를 주고 아이가 해냈을 때에는 아낌없이 칭찬하자. 아이를 칭찬할 때 그저 "잘했어" "대단해"와 같은 말은 마음에 와 닿지 않는다. 아이의 노력을 구체적으로 칭찬하고 인정한다. "정말 대단해, 훌륭해!" 하고 부모에게 인정받으면 자신감이 생긴다. 이를 반복하는 것이 최선의 방법이다.

예를 들어, 철봉 거꾸로 오르기를 못하던 아이가 꾸준히 연습해서 성공했다면 진심으로 아이를 칭찬하자. 아이 나름의 목표를 달성했기 때문이다. "오후 늦게까지 열심히 연습하더니 결국 해냈구나" 하고 아이의 노력을 구체적으로 칭찬하면 더욱 좋다.

또 아이가 심부름을 해주면 "고마워, 덕분에 엄마가 큰 도움이 되었어" 하고 고마움을 표현하는 것도 중요하다. 감사의 말이 주는 기쁨은 인간이 지닌 잠재능력을 끌어내는 힘이 있기 때문이다.

하지만 인생은 뜻대로 되지 않는다. 노력이 허사로 돌

아가고 좌절을 겪기도 한다.

이렇게 이야기하면 항상 떠오르는 것이 어느 남자아이와 아빠의 일화이다. 그 아이는 공부나 운동은 썩 잘하지 못하지만 낚시 솜씨만은 일품이었다. 낚시동호회 회장을 맡을 정도로 낚시를 무척 좋아했다.

어느 날 아이는 청새치를 낚기로 작정하고 아빠와 함께 하와이에 갔다. 보트에 오르기 무섭게 낚싯대를 드리웠지만 몇 시간이 흘러도 입질이 없었다.

아이의 아빠가 "오늘은 포기하고 돌아가자"는 말을 꺼낸 순간, 강한 '입질'이 왔다. 청새치가 걸린 것이다. 상대는 200킬로그램이 넘는 대어였다. 밀고 당기기를 1시간 남짓. 신중하게 낚싯대를 끌어올렸다. 마침내 청새치가 물 밖으로 모습을 드러내려는 찰나 탕하는 소리와 함께 낚싯줄이 끊어지고 말았다.

크게 낙심한 아이는 호텔에 돌아와서도 허탈감에 빠져있었다. 그러자 아이의 아빠는 이렇게 말했다.

"아빠는 청새치를 놓친 걸 오히려 다행이라고 생각해. 만약 잡았다면 세상일이 전부 네 뜻대로 된다고 생각했을 거 아냐. 인생은 그렇게 호락호락하지 않단다."

'인간만사 새옹지마'라는 격언도 있듯 인생은 좋은 일이 있으면 나쁜 일도 있게 마련이다.

중요한 것은 노력이 허사로 돌아갔을 때, 심기일전해서 얼마나 더 크게 성장할 수 있는가이다. 좌절을 마주하고 끝내 좌절을 극복했을 때 비로소 확고한 내면의 자신감을 얻을 수 있다.

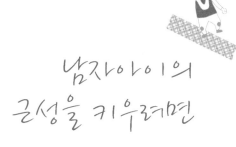

남자아이의 근성을 키우려면

　　　　　　　　　　'근성' 이란 단어를 말하면 흔히 스포츠
를 떠올릴 것이다. 고된 훈련에도 포기하지 않고 열심히 노력하
는 모습이나 적극적이고 과감한 기술을 펼칠 때 '근성이 있다'
고 말한다.

　그래서 운동을 시키면 근성을 키울 수 있지 않을까 싶은데 실
은 그렇지 않다. 내가 보기에 운동으로 기른 근성은 무언가 부족
하다는 생각이 든다. 단순히 체력이 있고 없고의 문제일 수도 있
기 때문이다.

　남자아이에게 필요한 진짜 근성은 마지막까지 포기하

지 않고 해내는 힘이다. 높은 목표를 향해 어떤 역경에도 굽히지 않고 끝까지 해내는 힘. 그런 힘이야말로 진짜 근성이다.

끈질긴 승리라는 말이 있듯이 어떤 승부에서든 끈기는 승리를 부른다. 물론 끝까지 노력해도 결과가 좋지 않을 때가 있지만 그래도 마지막까지 포기하지 않으면 얻는 것이 많고 다음 승리의 밑거름이 되어준다. 중간에 그만두면 아무것도 남지 않는다.

끈기 있는 아이는 시험을 보거나 운동을 할 때 그리고 훗날 직장생활을 할 때에도 자신의 능력을 십분 발휘할 수 있다.

예를 들면, 일본 축구선수 나가토모 유토(長友佑都)가 그렇다. 나가토모는 대학시절 주전은커녕 후보에도 들지 못한 시기가 있었다고 한다. 그래도 포기하지 않고 노력한 결과, 프로팀에 들어가고 일본대표로 선발되었을 뿐 아니라 이탈리아 세리에A의 명문 팀 인터 밀란에 입단했다.

나가토모 선수뿐 아니라 최전선에서 활약하는 사람들은 끈기와 노력의 가치를 잘 알고 있다. 승자, 패자라는 말을 좋아하지 않지만 굳이 말하자면, 끈기를 몸에 익힌 사람은 승자가 될 수 있다.

아이들에게도 근성이 있고 없고의 차이가 분명하다. 바둑이나 장기와 같은 게임을 할 때 마지막까지 포기하지 않는 아이가 승률도 높다. 그런 아이는 수세에 몰리다가도 막판에 대역전극을 펼친다.

반대로, 근성이 없는 아이는 패색이 짙고 형세가 좋지 않으면 "그만 할래" 하고 자리를 박차고 일어난다. 그런 아이는 포기가 몸에 배었다고 할까, 중간에 포기하거나 실패하는 데 큰 거부감이 없다.

그렇다면 아이의 근성을 키우는 방법은 무엇일까?

가장 좋은 방법은 도전과제를 주고 목표를 달성했을 때의 기분을 직접 경험하게 하는 것이다. 아이가 흥미를 느낄 만한 일이라면 뭐든 상관없지만 개인적으로는 등산을 추천한다.

등산은 정상에 오른다는 뚜렷한 목표가 있기 때문에 쉽게 성취감을 맛볼 수 있다. 부모가 함께 오르면 의지도 되고 아이가 그만두고 싶어 할 때 "이제 얼마 안 남았어. 조금만 더 힘내자"며 격려할 수 있다.

가파른 산길을 오를 때는 괴롭고 힘들지만 정상에 올라 경치를 바라보면 중간에 포기하지 않길 잘했다고 느낄 것이다.

참고로, 컴퓨터 게임이나 휴대폰 게임도 목표를 달성한다는 점은 같지만 어차피 가상세계에서 일어나는 일이다. 실패해도 리셋버튼만 누르면 된다. 그만두고 싶어질 만큼의 괴로움도, 끈기로 이뤄낸 진정한 성취감도 존재하지 않는다.

남자아이의 집중력을 키우려면

—   "우리 애는 수업 중에도 가만히 앉아 있지를 못해요."

초등학생 남자아이를 키우는 엄마들이 자주 털어놓는 고민이다. 수업에 집중하지 못하니 당연히 성적도 좋지 않다. 그것 역시 고민이다.

그러던 아이가 초등학교 고학년에서 중학생 정도 되면 수업 중에 자리를 떠나는 일은 줄지만 공부를 시작해도 금방 주의가 흐트러지고 방문을 열어보면 만화책을 읽거나 게임을 하고 있다. 공부를 하다가도 금방 주의가 흐트러지고 딴짓을 한다. 그런 모습을 목격했을 때, 엄마들은 아이의 집중력을 키워주고 싶어 할 것이다.

느닷없는 질문이지만, 집중력이란 과연 무엇일까?

일반적으로 집중력이란 '어떤 특정한 일에 주의를 집중하는 능력'이라고 알고 있다. 그리고 그런 능력이 오래 지속될수록 집중력이 있다고 칭찬한다.

하지만 잘 생각해보자. 집중력 없는 아이도 퍼즐을 풀 때는 정신을 집중하고 만화책을 탐독한다. 컴퓨터 게임은 잠자코 있으면 몇 시간이고 할 것이다. 집중력이 한 가지 일에 주의를 집중하는 능력이라면 대다수 아이들은 집중력을 지닌 셈이다.

엄마가 한숨짓는 이유는 그런 집중력이 공부할 때는 발휘되지 않기 때문이다. 컴퓨터 게임이 공부가 되면 몇 시간을 하든지 아이는 불평하지 않는다.

좋아하는 일, 재미있는 일이라면 아이는 집중할 수 있다. 그렇다면 먼저 공부의 재미를 가르쳐주어야 한다. 아이가 즐겁게 공부할 수 있는 방법을 강구하거나 공부를 해야 하는 뚜렷한 목적의식을 갖게 하는 등 다양한 방법이 있을 것이다.

여기서 한 번 더, 집중력이 무엇인지 따져보기로 하자. 인간은

아들 열 살이 되면 교육법을 바꿔라

한 가지 일에 집중하면 다른 일에는 지극히 둔감하다. 무언가에 열중하면 모기에 물려도 잘 모른다. 지하철 안에서 집중해서 책을 읽다가 내려야 할 역을 지나쳐버린 사람도 많을 것이다. 한 가지 일에 집중하는 것은 좋지만 다른 일에 주의를 기울이지 못한다는 폐해도 있다.

그렇기 때문에 '주의력'이 필요하다. 여기서 말하는 주의력이란 주변 상황에 늘 촉각을 곤두세우고 있는 상태라고 할 수 있다. 집중력과 비슷하지만 신경을 보다 넓은 범위로 분산시킨다는 점이 대조적이다.

'집중력을 키운다'는 것은 집중력과 주의력을 동시에 발휘할 수 있게 되는 일이다. 그것이 곧 아이가 익혀야 할 진정한 의미의 집중력이다.

예를 들어, 자전거를 탈 때에도 앞으로 나가는 것에만 집중해서는 안 된다. 옆에서 차가 튀어나오지 않는지 등 항상 전후좌우를 살피고 멀리서 들리는 트럭 소리에도 귀를 기울여야 한다. 안전하게 달리려면 집중력과 주의력을 끊임없이 연동시켜야 한다.

운동도 마찬가지이다. 축구는 사람과 공의 움직임을 계속해서 눈으로 좇지 않으면 골을 노릴 수 없고 야구도 투수가 투구에만 집중하면 간단히 도루를 허용한다.

학교 운동장에서 놀 때에도 주위를 잘 살피지 않으면 다른 아이와 부딪히거나 계단에 걸려 넘어지는 등 친구들 앞에서 볼썽사나운 모습을 보인다.

공부도 집중력이 제일은 아니다. 시험에서 좋은 성적을 받으려면 시간배분을 잘해야 한다. 한 문제에 집중하다 문제를 다 풀기도 전에 시험이 종료되는 허망한 사태도 있을 수 있다.

집중력은 원시시대부터 인류에게 중요한 능력이었을 것이다. 가령 사냥을 나가서 먹잇감에만 집중하다보면 발밑에서 다가오는 독사를 미처 알아채지 못한다. 나무열매를 따는데 열중하다 그만 등 뒤에서 덮치는 짐승의 기척을 느끼지 못하고 목숨을 잃는 일도 있다.

자연에는 항상 위험이 도사리고 있다. 그렇기 때문에 집중력과 주의력이 꼭 필요하다. 그렇기 때문에 자연 속에서 많은 경험을 시키는 것이 진정한 의미의 집중력을 기르는 데 가장 좋은 방법이라고 할 수 있다.

낚시는 바닷물의 흐름은 물론이고 만조나 간조 등에도 주의를 기울여야 한다. 승마는 고삐를 잡아당겼다 풀었다 하는 것 말고

아들 열 살이 되면 교육법을 바꿔라

도 장애물의 위치에서부터 말의 기분까지 잘 살피지 않으면 능숙하게 탈 수 없다. 하나의 행위는 다른 여러 행위의 총체이다. 그러한 경험을 쌓으면 쌓을수록 아이에게 진짜 필요한 집중력을 기를 수 있다.

남자아이의 발상력을 키우려면

— 이미 알고 있겠지만, 남자아이는 같은 또래 여자아이보다 한참 철부지이다. 엄마 눈에는 시시하고 하찮게 보이는 '엉뚱한' 일을 하고 싶어서 몸이 근질근질하다. 반항기에도 다르지 않다.

패밀리레스토랑에 가면 음료 바가 있다. 좋아하는 음료를 마음껏 가져다 마실 수 있기 때문에 아이들에게 인기 만점이다.

처음에는 오렌지주스 다음에는 아이스티처럼 음료를 한 잔씩 가져오는 것은 여자아이이다. 그렇다면 남자아이는 어떨까?

"콜라랑 오렌지주스랑 포도주스를 섞었다!"

"으아, 색깔이 뭐 그래. 난 멜론 소다랑 아이스티를 섞었는데, 어때?"

"색깔은 이상해도 이거 의외로 맛있어, 마셔봐."

도무지 얌전히 마실 생각이 없다.

'왜 그렇게 엉뚱한 짓만 할까?' 하고 생각하겠지만 그런 엉뚱한 행동을 하고 싶은 마음이야말로 발상력의 원천이다.

멀쩡한 라디오를 분해하거나 난생 처음 보는 창작요리를 만들어내고 딱히 신기할 것도 없는 벌레를 모으는 등의 불가사의한 행동도 남자아이들에게는 재미있는 일이다.

"그럴 시간 있으면 공부를 해라."

이렇게 꾸짖는 것은 기껏 움튼 발상력의 싹을 꺾어버리는 일이다. 그럴 때는 아이의 머리를 쓰다듬으며 "굉장하네. 어떻게 그런 생각을 했어" 하고 진심으로 칭찬해주자.

남자는 지극히 단순한 생물이다. 엄마의 반응이 좋으면 다음에는 더 재미있는 일을 찾아내려고 마음먹는다.

그리고 또 다시 칭찬을 받으면 더욱 의욕이 샘솟고 기발한 발생을 떠올리는 간격이 점점 짧아진다. 아이디어가 무한히 샘솟는 남자가 된다. 그리고 나처럼 나이 먹고도 평생 엉뚱한 생각을

하는 어른이 된다. 다시 말해, 엄마의 칭찬이 아이의 발상력을
풍부하게 키우는 것이다.

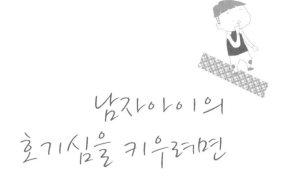

남자아이의
호기심을 키우려면

아이가 크면 '명문대를 졸업해서 대기업에 취직했으면 좋겠다'고 생각하는 부모가 많다. 그 때문에 요즘은 부모의 월급을 교육비에 쏟아붓고 초등학교 저학년 때부터 학원에 보내는 것도 드문 일이 아니다.

하지만 일류대학을 나온 엘리트라고 해서 반드시 회사에 유익한 인재가 되리란 법은 없다.

그 이유는 분명하다. 호기심을 기르지 못하고 오직 머릿속에 지식만을 주입해온 사람이 많기 때문이다. 그렇기 때문에 주어진 과제는 해내지만 아이디어를 내거나 응용하는 작업이 서툴다.

주변 사물에 흥미를 갖고 '이상하네' '왜 그럴까?' 하고 탐구하는 행위는 창의력과 응용력을 낳는 원천이다. 직장생활에서는 호기심이 왕성한 사람이 능력을 발휘한다.

그렇다면 남자아이의 호기심을 키우려면 어떻게 해야 할까? 실은, 호기심을 키우는 일은 크게 어렵지 않다.

가능한 한 아이를 자연으로 데려가 살아있는 체험을 많이 시킨다. 서핑, 승마, 등산 등 할 수 있는 일은 많다. 그중에서도 곤충채집, 나무타기, 낚시 등은 자연체험의 백미이다. 자연 속에는 아이의 호기심을 자극하는 것들이 넘쳐난다.

캠프에는 모닥불도 빠지지 않는다. 작은 나뭇가지를 모아놓고 불을 붙인다. 그런 원시적인 체험이 남자들을 매료시킨다. 장작을 어떻게 놓아야 잘 타고 불이 약해지면 어떻게 해야 하는지 불과 씨름하고 불을 제어하는 경험은 짜릿한 흥분과 재미를 준다.

어둠 속에서 타닥타닥 모닥불 타는 소리를 들으며 흔들리는 불꽃을 그저 바라본다. 그런 시간이 아이의 호기심을 강하게 자극한다.

이렇게 생생한 체험은 텔레비전이나 인터넷에서 영상을 보는 것과는 분명한 차이가 있다. 추체험(追體驗)을 할 수 있기 때문이다.

아들 열 살이 되면 교육법을 바꿔라

가령 나비가 날고 있다고 치자. '와, 예쁘다' 하고 호기심이 발동하면 저도 모르게 발길을 멈추고 바라 볼 것이다.

나비에 흥미가 생기면 가만히 다가가 날개의 색과 모양을 자세히 관찰한다. 나비를 잡으려고 손을 뻗는 아이도 있을 것이다. 이런 행위가 곧 추체험이다. 흥미를 느낀 사물에 대해 지식을 얻고자 하는 욕구는 인간의 섭리이다. 호기심은 추체험에 의해 확고한 지식이 되고 더 깊은 호기심을 불러일으킨다.

나비를 예로 들면, 이름을 알고 싶다고 생각하는 것은 한 차원 깊은 호기심이다. 도감을 펼쳐보면 또 다른 예쁜 나비가 있다는 것을 알고 전 세계에 서식하는 나비에 흥미를 갖는 아이도 있고 나비의 생태에 관심을 갖는 아이도 있을 것이다.

이처럼 호기심과 추체험이 거듭되면서 지성이 발달한다. 뛰어난 학자는 연구를 하면 할수록 호기심이 샘솟고 그런 호기심을 좇아온 결과 인류의 역사를 바꿀만한 위대한 발견과 발명을 이루어냈다.

호기심을 불러일으키는 추체험은 텔레비전이나 인터넷에서는 얻지 못한다. 아름다운 나비의 모습을 볼 수는 있어도 가까이 다가가거나 직접 만져볼 수 없기 때문이다.

그러면 기껏 생긴 호기심도 거기서 단절되고 만다. 정보를 얻는 것과 추체험을 하는 것은 정반대의 위치에 있는 것이다.

더 자세히 말하면, 똑같이 보는 행위에도 실제 체험에서는 다양한 부수 정보를 얻을 수 있다. 앞서 이야기한 모닥불은 불꽃이 내는 열기나 연기 속의 훈향을 직접 느낄 수 있다. 매미가 성충이 되는 과정을 관찰한다면 맹렬한 더위와 모기의 공격을 이겨낸 일이 매미가 허물을 벗는 모습과 함께 기억에 남을 것이다.

생생한 체험을 통해 얻는 기쁨은 아무리 선명한 영상이라고 해도 당해낼 수 없다. 감동의 깊이가 다르기 때문이다.

또 한 가지 덧붙이자면, 부모도 아이가 느끼는 경이와 감동을 함께 공감하는 것이다.

실은 초등학교에 입학하기 전부터 유념했으면 하는 일이지만 반항기가 시작될 나이에도 늦지 않다.

"엄마, 저것 봐. 저녁놀이 엄청 예뻐."

집에 돌아온 아이가 이렇게 말한다면 함께 나가 저녁놀을 바라보자.

"와, 정말이네. 이렇게 아름다운 저녁놀을 보게 되다니! 감격

이야, 고마워"라며 야단스러울 정도로 함께 놀라고 감동하자. 부모가 함께 공감해주는 것만으로도 아이의 감동은 더욱 깊고 선명하게 마음에 남는다.

때로는 부모가 먼저 "오늘은 별이 유독 잘 보이네. 은하수도 보이지 않을까" "정원의 꽃이 예쁘게 피었어, 신록의 계절이 왔구나" 하고 말을 걸어도 좋다.

"별로, 그냥 그런데 뭘" 하고 무뚝뚝한 대답이 돌아오는 일이 많겠지만 잠깐이라도 눈여겨보면 기억에 남을 것이다.

아름다운 것을 보면 호기심이 한껏 피어오른다. 동시에 그 감동과 경이가 감성을 낳는다. 이를 표현한 것이 예술이다. 즉, 예술은 감성의 표현인 것이다. 피아노나 바이올린 연주를 듣고 '완벽한 연주였지만 감동이 없다'고 느껴질 때가 있다. 연주자의 감성이 담겨있지 않기 때문이다. 도기도 틀로 찍어 만든 공업제품과 작가의 혼을 담아 만든 도기에서 느껴지는 운치가 다르듯 말이다.

음악, 회화, 사진, 도예……. 예술은 감성표현의 결정이다. 어릴 때부터 예술작품을 많이 보여주자. 그러면 호기심과 더불어 풍부한 감성을 기를 수 있다.

"예술에는 워낙 문외한이라……"고 말하는 엄마. 당신은 매일 요리를 하고 있는가? 그렇다면 문제없다.

실은 엄마가 매일 만드는 요리도 감성표현의 하나이다.

'오늘은 날도 더운데 깔끔한 요리가 좋겠지.'

'학원 끝나고 오면 배가 고플 테니 고기로 요리를 해야 할까?'

제철 재료로 음식에 계절감을 불어넣고 가족의 얼굴을 떠올리며 정성들여 음식을 만든다. 솜씨의 차이는 있겠지만 냉동식품이나 가공식품 혹은 편의점에서 파는 도시락과는 차원이 다르다. 공장에서 만든 음식에는 감정이 녹아 있지 않다. 그래서 먹어도 크게 맛있다고 느끼지 못하는 것이다.

다만 주의해야 할 것은 아무리 맛있는 요리, 아무리 뛰어난 예술작품도 억지로 강요해서는 안 된다. 아이 스스로 '이거, 괜찮은데' 하고 느끼게 하는 것이 중요하다.

아프리카에서는 기쁜 일이 있으면 북 따위를 두들겨 기분을 표현한다. 그 리듬에 기분이 좋아지고 주위 사람들도 어느새 다 같이 춤을 춘다. 아이가 자연스럽게 호기심을 갖게 만드는 것이 중요하다.

"첫발을 내딛으면 하고 싶은 대로 내버려 두고 좋고 나쁨을 가

아들 열 살이 되면 교육법을 바꿔라

르치면 안 된다."

　일본의 전통예술 노(能)를 완성한 제아미(世阿彌)가 남긴 말이
다. 처음 노를 시작하면 아이가 하고 싶은 대로 내버려두면 된
다. 무엇이 옳고 그른지를 가르치지 말라는 뜻이다. 절묘한 표현
이 아닐 수 없다.

남자아이의
문제해결능력을 키우려면

—   남성이 논리적인 사고를 즐긴다는 것
은 앞에서도 이야기했다. 그 특성이 발휘되는 것이 문제해결능
력이다.

어떤 문제가 일어났을 때, 문제를 해결하기 위한 과정에는 크
게 두 가지가 있다. 첫 번째는 A를 먼저 해결한 뒤 B의 문제로,
B를 해결하면 이번에는 C로 넘어가는 식으로 헝클어진 실타래
를 풀어나가듯 차근차근 논리적으로 해결하는 방법이다. 두 번
째는 발상의 전환을 꾀하거나 역전시켜 단번에 해결하는 방법
이다.

아들 열 살이 되면 교육법을 바꿔라

어느 것이나 남성들의 전매특허이다. 유일하다고 말할 수는 없지만 여성 앞에서 내세울만한 능력이라는 것은 틀림없으므로 크게 키워줘야 한다.

문제해결능력 역시 숱한 경험을 통해 기르는 수밖에 없다. 직면한 문제를 자기 나름의 방법으로 풀어간다. 이를 반복하다 보면 경험이 노하우로 축적되고 유연한 대처방법을 선택할 수 있다.

그런 경험을 쌓는 것이 놀이이다. 근처 공원이나 공터에서 흙투성이가 될 때까지 놀던 내 어린 시절을 되돌아보면 매일매일이 사건사고의 연속이었다.

야구를 하다 옆집 유리창을 깼다!
아끼던 모자를 하수구에 빠뜨렸다!
나무에 오르다 가지를 부러뜨렸다!

그때마다 아이들끼리 머리를 맞대고 어떻게 해야 할지를 의논했다. 부모에게 들키면 혼이 날 게 뻔했기 때문에 모든 문제는 스스로 해결하는 것이 원칙이었다. 한바탕 설전이 오간 끝에 기지를 발휘해 상황을 극복할 때도 있고 결국 부모에게 들켜서 야단을 맞기도 했다. 결과야 어떻든 문제를 해결하는 능력은 그렇게 길러졌다.

하지만 요즘 아이들의 놀이에는 사건이라고 할 만한 일이 없다. 설령 있다 해도 대부분 게임 속에서 일어나는 일. 현실에서는 아무 일도 일어나지 않을뿐더러 리셋버튼만 누르면 즉각 해결된다.

그런 아이들의 문제해결능력을 기르려면 거듭 말했지만 캠프나 체험 합숙 등 자연 속에 풀어놓는 것이 최선의 방법이다.

캠프는 두세 가족이 함께 갈 것을 권한다. 텐트를 치는 것부터 요리를 하고 모닥불을 지피는 것까지 전부 아이들에게 맡겨보자. 가급적이면 부모가 나서지 않고 아이들끼리 준비부터 정리까지 전부 도맡게 한다.

부모가 거들지 않으면 텐트를 치는 일부터 야단법석이 날 것이다. 텐트 폴을 잘못 세웠네, 위아래가 반대네 등등 이러쿵저러쿵 서로 머리를 맞대고 지혜를 짜내는 데 의의가 있다.

물론 캠프장처럼 잘 정비된 장소라도 사고는 있게 마련이다. 도마를 잃어버렸다든지 장작에 불이 붙지 않는다든지 바람이 강

아들 열 살이 되면 교육법을 바꿔라

해서 텐트가 날아갈 뻔하는 일도 있다. 문제가 생길 때마다 '이제 어떻게 하지?' 하는 고민 끝에 상황을 극복하면 그것이 하나의 자신감이 된다. 일상생활에서 문제가 생겼을 때에도 무조건 부모에게 기대지 않고 일단 스스로 해결하려고 할 것이다.

한편, 아이가 안고 있는 문제 중에는 친구와의 다툼 등 대인관계문제도 큰 비중을 차지한다. 이런 문제를 해결할 때에도 경험이 크게 도움이 된다.

초등학생 아이들끼리의 다툼은 노트에 낙서를 했다든지 지우개를 빌려주지 않았다는 등의 사소한 일로 빚어진다. 그렇기 때문에 해결방법도 비교적 간단하다. 스스로 해결할 수 있다면 그 경험은 중학교 시절에도 활용할 수 있다. 그리고 중학교 때 얻은 경험은 고등학교에서 도움이 된다. 나이를 먹을수록 문제도 복잡해지기 때문에 서서히 단계를 밟아나가는 것이 이상적이다.

그렇게 문제해결능력을 기른 아이는 자신이 당사자가 아니더라도 중재자 역할을 맡는 등 자연스럽게 협력하는 자세를 배운다. 문제가 커지기 전에 대책을 강구하는 데까지 생각이 미친다. 분위기 파악이 빠른 인간이 되는 것이다.

그런데 최근에는 아이들 다툼에 부모가 나서서 문제를 키우는 일이 있다. 실제로 아이들의 다툼이 어느새 부모들끼리의 싸움으로 번지기도 한다. 부모가 끼어들면 당연히 아이는 문제해결 능력을 익힐 수 없다.

부모가 개입해야 할 문제도 있겠지만 가능한 한 아이의 능력을 믿고 지켜봐주자. 그리고 육아는 주기만 하는 것이 아니라는 것을 반드시 기억하자.

제6장

남자아이의 약점을
극복하는 방법

나약한 남자아이 씩씩하게 키우기

— "두고 보자." 패배자의 마지막 한 마디이다. 말뜻만 따지고 보면 '언젠가 복수할 테다' 하는 한 맺힌 말로 들리지만 실은 여기에는 깊은 의미가 있다.

싸움에 진다는 것은 남자로서 상당히 굴욕적인 일이다. 시험 점수로 라이벌에게 지는 것보다 몇 배는 더 분하다. 여기서 울면서 돌아서봤자 더욱 비참한 기분만 들 것이다.

"오늘은 이쯤에서 물러나지만 이겼다고 생각하지 마라. 오늘의 수모는 반드시 갚아줄 테다."

울분을 토해내듯 말하고 스스로 의지를 불태운다.

아들 열 살이 되면 교육법을 바꿔라

아이에게 가르쳐야 할 것은 바로 이런 불굴의 정신이다. 야구든 축구든 위기에 강한 팀과 약한 팀이 분명하게 갈리는 이유가 무엇인지 생각해본 적 있는가?

그것은 지도자와 부모가 '두고 보자'는 정신을 가르쳤는지 그렇지 않은지의 차이이다. 시합에 지면 분한 마음을 독려한다.

"오늘은 졌지만 너희들은 충분히 이길 수 있는 실력이 있다. 다음 시합에 반드시 설욕할 것이다. 다음에는 꼭 승리의 쾌감을 맛보자."

그러면 아이들은 시합에 위기가 닥치더라도 패배의 쓴맛을 교훈 삼아 가지고 있는 실력, 어쩌면 그 이상의 힘을 발휘한다. 반대로 "너희들은 글렀다. 그런 상황에 실수를 하다니" 하는 비난을 들으면 패배의 늪에 빠지고 만다.

'또 다시 실수를 하면 어쩌지, 전처럼 지는 것이 아닐까?'

그런 생각에 움직임도 점점 위축되고 끝내 패배를 스스로 불러들이는 결과를 낳는다.

프로무대에서 활약하는 선수들은 시합에 지면 "다음 시합에 열중하겠다"는 말을 자주 한다. 이것도 '두고 보자' 정신의 표현 방법 중 하나이다.

어떤 일류선수라도 시합에 질 때가 있다. 우승을 노렸지만 허망하게 초전박살이 나기도 한다. 때로는 정규선수로 뽑히지 못하거나 부상으로 중요한 시합에 나가지 못하는 경우도 있다. 하지만 그때마다 '두고 보자'는 정신을 가슴 깊이 품었기에 프로가 될 수 있었다.

하지만 요즘 아이들은 승부에 도전하는 경험조차 해보지 못한 아이가 많다. 왜곡된 평등정신으로 한때 순위를 매기지 않는 달리기 시합이나 아이들 전원이 주인공인 학예회와 같은 부자연스러운 교육으로 이어지기도 했는데 아직도 그런 평등주의가 교육 현장에 남아있다.

나약하고 근성이 부족한 아이들이 늘어나는 이유도 그 같은 평등주의의 폐해 때문이다. 오히려 나는 아이들이 더 많은 실패를 경험해야 한다고 생각한다.

어린 시절의 실패는 어른 사회에 비하면 대수롭지 않은 일이다. 운동회에서 1등을 놓쳤다든지 학예회에서 하고 싶은 역을 맡지 못했다든지 하는 정도이다. 억울하고 분한 마음의 통증을 극복해가는 경험이 인간을 강하게 만든다.

작은 파도에서 훈련하면 큰 파도가 와도 넘을 수 있지만 훈련

도 하지 않고 갑자기 큰 파도를 만나면 파도에 휩쓸리고 만다. 실패를 경험한 아이가 괴로움에 몸부림치고 있을 때에는 위로의 말을 건네고 다시 일어날 용기를 준다.

"힘든 건 지금뿐이야. 아무리 괴롭고 분한 기억도 내일이면 희미해질 테니 긍정적으로 생각하자."

"너에게만 있는 일은 아니야. 누구나 힘든 일을 겪는단다. 엄마도 그랬어."

"오늘 안 되면 내일 하면 돼. 내일도 안 되면 모레가 있잖니. 그렇게 생각하고 조금씩 앞으로 나가는 거야."

이렇게 위로의 말을 건네고 아이를 격려하도록 하자.

말주변 없는 남자아이 당당하게 키우기

                    "우리 애는 말주변이 없어서 큰일이에요. 자연스러운 의사소통 능력을 키우려면 어떻게 하면 좋죠?"

남자아이를 키우는 엄마에게 이런 상담을 받을 때가 있다. 의사소통 능력은 인간이 살아가는 데 무엇보다 중요한 능력이다. 이것만 있으면 어디서든 살아갈 수 있다. 그만큼 노력해서 익혀야 할 능력이라고 생각한다.

다만 말주변이 없다고 의사소통 능력이 없는 것은 아니다. 지인 중에 악기회사의 영업사원으로 일하는 사람이 있다. 그는 동료들과 모임이 있을 때도 말을 거의 하지 않을 정도로 말주

아들 열 살이 되면 교육법을 바꿔라

변이 없다. 그런데 영업실적은 항상 최고의 자리를 내준 적이 없다. 어째서일까?

실은 그는 다른 사람의 이야기를 잘 듣는다. 처음 만나는 고객의 이야기도 꾸준히 경청한다. 특히, 노인들은 자신의 이야기를 들어주는 것만으로도 기뻐한다. 예전 집에는 피아노가 있어서 아이와 함께 피아노를 치는 것이 낙이었다는 등의 옛날이야기를 웃음 띤 얼굴로 들어준다.

그가 입을 여는 것은 상대에게서 질문을 받았을 때이다. 워낙 말주변이 없지만 성심성의껏 대답한다. 그는 본래 피아니스트를 꿈꿨지만 자신에게 재능이 없다는 사실을 깨닫고 지금의 직업을 갖게 되었다고 한다. 그런 좌절의 경험도 누가 물으면 숨김없이 이야기한다고 한다.

고객의 입장에서는 자신의 이야기를 들어주고 상대방의 품성도 알게 되면 신뢰감과 친근감이 생긴다. 처음에는 피아노를 살 생각이 없던 사람도 이런 사람에게라면 사도 괜찮지 않을까 하는 심리가 작용해 '마침 손주 녀석이 피아노를 배우고 싶다고 했는데 기왕 이렇게 됐으니 한 대 살까' 하는 생각이 든다고 한다.

의사소통이란 마음과 마음의 캐치볼이다. 상대의 마음을 헤아리고 자신의 마음을 전달하는 것이다. 마음이 통하는 것이 중요할 뿐 말은 그 과정을 위한 도구에 지나지 않는다.

말을 잘하든 못하든 중요한 것은 따뜻한 마음과 거짓말 하지 않는 성실한 인품 등의 인간적인 매력이다. 그것이 곧 의사소통의 기본이다.

말주변이 없으면 앞에서 이야기한 영업사원처럼 남의 말을 잘 들어주면 된다. 여자 친구를 사귈 때에도 이야기를 잘 들어주는 남자가 신뢰를 얻는다. 의미 없는 수다도 잘 들어주는 것이 상대방의 기분을 좋게 한다. 엄마의 비논리적이고 감정적인 이야기도 잘 참고 듣는 남자아이라면 내세울 만한 특기 중의 특기가 아닐까? 실제로 그런 남자아이는 여자 친구의 이야기를 잠자코 듣는 것이 고통스럽지 않다고 한다.

다만 면접시험장이라면 사정이 다르다. 면접관은 자기 이야기를 들어주길 바라는 것이 아니라 수험생 혹은 취업생에게 질문을 하고 그 대답부터 이야기하는 태도, 표정, 내용 등을 종합적으로 판단해서 우열을 가린다. 당연히 자기소개를 잘하는 것이 좋다. '우리 학교, 우리 회사에 꼭 필요한 인재'라는 인상을 심어 주어야만 한다.

아들 열 살이 되면 교육법을 바꿔라

즉, 면접에서 요구하는 의사소통 능력은 상대를 설득하는 국어력이다. 국어력을 기르려면 반복연습 외에는 없다.

모의면접 등으로 기술을 익히는 것도 중요하지만 평소 엄마가 주의해야 할 점은 부모를 설득할 기회를 늘리는 것이다. 예를 들어, 아이가 컴퓨터를 사고 싶다고 조르면 "엄마, 아빠가 네게 컴퓨터를 사주고 싶도록 설득해 봐" 하고 아이에게 권한다. 그러면 컴퓨터가 어떤 도구이며 왜 자신이 컴퓨터가 필요한지를 논리적으로 설득해야 한다. "다른 애들도 갖고 있으니까" 하는 이유로는 설득할 수 없다. 면접 훈련으로도 안성맞춤이다.

쉽게 질리는 남자아이 끈기 있게 키우기

— 실은 나도 끈기가 없고 싫증을 잘 내는 성격이다. 싫증내는 데는 누구에게도 지지 않을 자신이 있다.

그런 내 생각에 싫증을 내는 이유는 단지 대상이 재미없기 때문이다. 질리지 않고 꾸준히 할 수 있는 일이 어딘가에 반드시 있게 마련이다. 나 역시 벌써 수십 년 넘게 교사로 일해 왔다. 문학에도 질리지 않고 캠프는 갈 때마다 새로운 발견이 있어서 점점 더 빠져든다.

다시 말해, 쉽게 질리는 아이를 걱정할 것이 아니라 그 아이가 싫증내지 않고 꾸준히 할 수 있는 일을 찾게 하면 된다. 그러려

아들 열 살이 되면 교육법을 바꿔라

면 되도록 다양한 일에 도전하게 만들어야 한다. 선택지는 수없이 많으므로 반드시 찾을 수 있다.

참고로, 금방 싫증을 내는 나는 늘 무언가 새로운 일에 도전하기 때문에 하루하루가 새롭고 신선하다.

대상이 여성이라면 달콤한 꾐에 넘어갈 일도 없고 인연이 없어서 헤어지더라도 금방 잊을 수 있기 때문에 미련 없이 마음정리가 된다. 싫증을 잘 내는 성격이 꼭 나쁜 것만은 아니라는 것을 말하고 싶다.

어리버리한 남자아이
야무지게 키우기

—　　　　　　　　시간약속을 지키지 못한다거나 물건을
잘 잃어버리는 것은 개인의 문제이기는 하지만 대체로 남자아이
에게 많다.

실제로 내 사무실에서 일하는 대학생들도 여학생은 지각을 하
지 않는데 반해 남학생은 "시간을 잘못 알았다"는 등의 변명을
늘어놓으며 태연하게 지각을 일삼는 아이가 있다. 맡은 일을 기
한 내에 딱 맞춰서 하는 것도 역시 여학생이다. 남학생은 기한이
다 되도록 내버려두는 바람에 업무도 엉망이 되고 결국 누군가
다시 해야 하는 사태를 빚기도 한다.

　　　　　　　　　　　　　아들 열 살이 되면 교육법을 바꿔라

"우리 애는 천성이 게을러서요."

이렇게 말하는 엄마가 있는데 칠칠치 못하고 게으른 성격은 타고나는 것이 아니라 습관 때문이다.

여자아이의 경우, 몸가짐을 단정히 하라는 말을 어릴 때부터 귀에 못이 박히도록 들어왔기 때문인지 뭐든 깔끔하게 하려는 사람이 많다. 그에 비해 남자아이는 적당히 칠칠맞은 것도 남자아이의 특성이라며 그냥 지나치고 만다. 학교에서도 지각하는 친구들이 많으니 조금 늦어도 크게 신경 쓰지 않는다. 과제를 제때 내지 않는 아이도 흔하다. 그렇기 때문에 고쳐지지 않는 것이다.

시간을 잘 지키지 못하는 아이는 대체로 방도 어질러져 있고 공부도 못한다. 시간, 공부, 정리정돈의 세 가지는 절묘하게 연결된다. 가령 아침에 일어나는 것이 힘들어서 지각하는 아이는 방 청소도 힘들다며 뒤로 미룬다. 공부도 힘드니까 나중으로 미룬다. 편한 것만 좇는 습관이 몸에 밴 것이다.

그런 나쁜 버릇을 들이는 것은 일곱 살까지의 부모의 훈육에 달려 있다. 예를 들면, 아이가 처음부터 화장실에 가거나 목욕을 하는 습관이 있었던 것은 아니다. 부모가 습관이 되도록 가르친 것이다.

그렇다면 방청소도 습관이 될 수 있다고 생각하지 않는가? 일곱 살까지라고 말한 이유는 그때까지는 아이에게 부모가 절대적인 존재이기 때문에 다소 떼를 쓰더라도 결국에는 말을 듣게 만들 수 있다. 일곱 살이 지나면 "그걸 왜 해야 해?"라며 반론을 펴거나 잔꾀를 부리기 시작한다.

일곱 살이 지나면 포기할 수밖에 없다고 말하고 싶지만 아예 방법이 없는 것은 아니다. 앞에서도 이야기했듯 스스로 고생을 해보는 것이다. 도시락을 두고 와서 배가 고프거나 집합시간에 늦어 시합에 나가지 못하는 등 남자는 기본적으로 고생을 해보지 않으면 학습하지 않는다. 특히, 반항기에 돌입해 자립을 준비하는 아이에게 부모의 충고는 아무 소용이 없다.

아들 열 살이 되면 교육법을 바꿔라

제7장

아이의 행복을
바라는 당신에게
: 교육행복철학론

❋ 아이를 '미래의 부모'로 키운다는 시점을 분명히 하자

교육이 아이의 '행복한 미래'를 위해서라는 생각은 누구나 마찬가지일 것이다.

독자 여러분이 이 책을 손에 든 이유도 바로 그것 때문이라고 생각한다.

아이에게 행복한 미래를 안겨주고 싶다.

아무쪼록 훌륭히 성장해서 행복한 삶을 누리기를 바란다.

부모라면 누구나 그렇게 바랄 것이다. 하지만 오늘날 우리는 사회적 지위나 부를 얻기 위한 학력향상에만 혈안이 되어 그보다 훨씬 소중한 것을 뒷전으로 미루고 있지는 않은가?

그것은 우리 스스로가 개인의 가치관을 세상의 가치관에 끼워 맞추며 살고 있는 탓일지 모른다. 또 평화와 안정이 오래 지속되면서 개인의 판단력이나 '당사자'로서의 의식이 옅어졌기 때문인지도 모른다. 어쩌면 처음부터 행복한 미래, 아니 그보다 행복한 삶이 무엇인지 진지하게 생각해보지 않았는지도 모른다.

인간이 행복에 대해 생각하는 것은 당연한 일이지만, 이 책의 마지막은 자녀교육으로 고심하는 부모들의 상담을 해온 필자가 그간의 경험을 통해 얻은 '교육행복철학'을 간단히 정리하고자 한다.

✽ 내가 하고 싶은 일을 하고 있는가

인간의 행복은 단기적 행복과 장기적 행복으로 나눌 수 있다. 그리고 이 두 가지 체험결과가 합쳐져 행복과 불행을 결정한다.

단기적 행복감은 배부르다(공복이 아니다), 즐겁다(유쾌하다), 기분 좋다(쾌적하다), 평화롭다(안전하다) 등으로 나타나는데, 어떤 면에서 동물적인 욕구이기 때문에 현대사회에서는 누구든 얻고자 하면 비교적 쉽게 단기적 행복감을 손에 넣을 수 있다.

한편, 장기적 행복감은 '내가 하고 싶은 일을 하고 있다' '배우자를 만나 세대교체를 했다' '남에게 도움이 되고 있다' 등으로 나타난다.

자신이 하고 싶은 일을 하려면 그에 따른 시간이 필요하다. 달리 해야 할 일이 많으면 그 일에 시간을 빼앗긴다. 실은 여유시간이 생겨도 무엇을 해야 할지 몰라 자칫하면 누군가 이익을 얻기 위해 만든 물건이나 장소로 눈길이 가는 것이 예사이다.

하지만 그 일이 과연 자신이 원하던 일일까? 달리 하고 싶은 일을 찾지 못해 고른 것은 아닐까? 즉, 시간이 있어도 하고 싶은 일을 찾지 못하기 때문이 아닐까? 진짜 하고 싶은 일은 다른 시간을 쪼개서라도 하고 싶게 마련이다.

그렇다면 먼저 하고 싶은 일을 염두에 두고 있어야 한다. 자발적으로 우러나오는 호기심을 추체험하는 습관이다. 이 책에서는 그 소중함을 꼭 전하고 싶다.

✱ 배우자를 만나 세대교체를 했는가

다음은 결혼해서 세대교체를 하는 일이다. 이 책을 읽는 분들은 대부분 아이를 키우고 있을 것이다. 그러므로 자신은 이미 세대교체를 하고 행복한 삶을 손에 넣은 셈이지만 아이는 어떨까?

세상은 무서운 속도로 변화하고 있다. 그중에서 가장 크게 변화한 것은 여성의 지위가 아닐까? 일찍이 사회진출, 가정에서의 권한 그 밖의 많은 면에서 여성이 이렇게까지 강한 존재감을 드러낸 시대는 없었다.

대다수 남편들이 아내에게 주도권을 내어주었다. 안타깝지만 나 역시 이 사실을 인정할 수밖에 없다. 저출산화로 여성의 육아 부담이 줄고 활동적이 되었으며 계속되는 출산율 저하로 귀한 아이를 낳아 기르는 엄마로서 간단히 존재감을 드러낼 수 있게 되었다.

이미 교육현장에서는 극히 예외적인 경우를 제외하고는 여자 아이들이 주도권을 쥐고 있다. 선생님에게 저항하는 교실붕괴(학급붕괴)의 배후에도 여자아이들이 있다. 권력을 쥔 여자아이들이 용인하지 않는 한, 남자아이들은 선생님에게 반항조차 할 수 없다고 한다.

이는 일부 공립학교에만 해당하는 이야기가 아니다. 사립 초등학교에서도 여자아이가 선두에 서서 교실붕괴를 조장하는 일이 있다고 들었다. 사립학교에 보낼 경제적 여유가 있는 가정에서 여자아이를 오냐오냐 키우고 응석을 받아주기 때문일 것이다. 그래서인지 요즘 유명 사립학교에서는 입학시험을 칠 때 제멋대로인데다 협조성이 부족한 여자아이를 뽑지 않는 곳도 있다고 들었다.

여자아이들은 대부분의 남자아이를 "일도 못하고 책임감도 없는 칠칠치 못한 애들"이라며 경시한다. 여기에는 남자아이들을 '얕보는 시선'이 있다. 어떤 의미에서 남자에게 기대하는 바가 줄었기 때문에 꽃미남이 유행하는 것이라고도 말할 수 있다.

그런 가운데 운동이 특기인데다 공부도 잘하고 공동작업을 할 때도 믿음직한 일부 남자아이들이 호감을 얻을 수밖에 없다. 물론, 악기를 잘 다루는 등의 재주가 있다면 더욱 후한 점수를 얻기도 한다.

여자아이의 눈은 점점 까다로워지고 있다. '시시한 남자와 사귀느니 여자들끼리 수다나 떠는 편이 훨씬 낫다, 형편없는 남자와 결혼하느니 독신으로 살겠다'고 생각하는 아이도 있다.

아들 열 살이 되면 교육법을 바꿔라

남자아이를 키우는 부모에게는 여간 걱정스러운 일이 아니다. 여성의 최종학력이 높아질수록 혼기가 늦어지고 저출산화가 심화되는 것은 전 세계 공통의 문제이다. 현 상황에서 보면, 그러한 경향은 점점 더 가속화할 것이다.

　게다가 여성은 혼자 일하고 벌어서 생활을 꾸릴 수 있다. 한마디로 '남자 따윈 필요 없다'는 말이다.

　그래도 남성과 결혼을 해야 아이를 낳을 수 있지 않겠느냐고? 나는 이런 의견에도 찬성할 수 없다. 왜냐하면, 굳이 결혼하지 않아도 여성은 아이를 낳을 수 있기 때문이다. 심지어 아이가 생기면 이혼하는 부부도 늘고 있다. 여성의 마음에 차지 않는 남자는 여지없이 버려진다. 그래도 양육비는 부담해야 한다.

　지금의 여자아이들이 어른이 될 미래사회의 남녀관계는 어떻게 변화할까? 미혼 남녀는 점점 늘어가는 가운데 자녀가 없는 여성은 큰 변화가 없고 자녀가 없는 남성이 점점 많아 질 것이다. 바꿔 말하면, 남성은 세대교체를 하기 힘들거나 자녀를 키우는 기회를 얻지 못하게 될 가능성이 크다.

　그리고 반드시 유념해야 할 사실은 여성이 지금보다 훨씬 강해진다는 점이다. 요즘도 초등학생 남자아이에게 물으면 입을 모아 "여자애들은 무서워요!"라고 대답한다. 이런 상황을 경계하지 않는 사람들이야말로 순진하다는 생각이 든다.

✷ 내 아이를 인기남으로 만들려면 어떻게 해야 할까?

지극히 단순한 결론이지만, 남자아이의 행복한 미래를 위한 교육의 중요과제인 세대교체에 성공하려면 배우자로서 여성에게 인정받아야 한다는 관점이 최대의 포인트이다.

따라서 '인기'라고 하는 교육과는 다소 동떨어진 분야에까지 눈을 돌리게 되었지만 그냥 넘어갈 수 없는 문제이므로 문외한의 짧은 소견이라 생각하고 너그럽게 읽어주기 바란다.

먼저, 앞에서 이야기한 꽃미남이 유행하는 이유는 세상에 매력적인 남자가 줄어들었기 때문이라고 말할 수 있다. '초식남'이라는 말까지 들을 정도로 남성적인 에너지를 뿜어내지 못하는 남성이 늘어났기 때문이다. 남성 특유의 에너지가 얼굴에 드러나지 않는 것이다.

본래 남성이 멋져 보이는 것은 무언가에 열중하고 있을 때이다. 가령 운동할 때처럼 말이다.

아들 열 살이 되면 교육법을 바꿔라

반대로 게임을 하거나 텔레비전 혹은 컴퓨터를 보고 있는 얼굴을 멋있다고 생각하는 여성은 드물다. 그런 얼굴은 굳이 말하자면, 부자연스럽게 비춰질 것이다. 단, 카레이서들이 하나같이 잘생긴 것을 보면 자동차 운전은 별개인 듯하다.

그렇다면 일반적으로 인기남이 갖추어야 할 것은 무언가에 집중할 때 보이는 진지한 표정이다. 물론, 텔레비전이나 컴퓨터 모니터 등을 바라볼 때가 아닌 무언가에 집중하고 있을 때의 표정 말이다.

그래서 운동을 하는 남성이 비교적 멋있게 보인다. 악기를 다루는 것도 마찬가지이다. 공통점이라면 둘 다 무언가에 깊이 집중한다는 점이다.

인기 있는 남자가 되는 첫 번째 조건은 평소 얼굴에 드러날 만큼 깊이 집중할 수 있는 대상을 갖는 것이다.

여성에게 '어떤 남성을 결혼상대자로 선택하고 싶은가?'를 묻는 설문조사를 할 때 으레 상위권에 오르는 답변이 '자신의 일에 열정을 쏟는 사람'이다.

내 아들은 무엇에 열중하고 있을 때 멋있어 보일까? 한번 자세히 관찰해보자. 아이가 진심으로 열중하고 얼굴 표정까지 밝아질 만한 취미를 찾아주는 것이 세대교체에도 도움이 된다.

✳ 인기남은 달변가이다

이번 장에서는 아이를 미래의 부모로 키우는 시점을 다루고 있지만 더 '인기남'에 대해 조금 쓰는 것을 허락하기 바란다.

인기남의 두 번째 조건은 여성과 즐겁게 이야기를 나눌 수 있는가 이다.

어쩌면 남자아이들에게 공부보다 더 어려운 일일지 모른다. 여성이 대화가 잘 통하고 즐거운 남성과 함께 하고 싶어 하는 것은 당연하다.

그렇다면 어떻게 할까? '최대한 막힘없이 술술 이야기한다?' 이런 방법은 어지간히 화제가 다양하고 재미있지 않는 한 오히려 역효과를 낼 수 있다.

요컨대 여성의 이야기를 들어주는 것이다. 그것도 적당히 맞장구를 쳐가며 대화를 오래 이끌어간다.

이를 실천할 수 있다면 세대교체의 가능성은 크게 높아진다. 하지만 여자형제들 틈에서 크지 않는 한 그런 능력을 기르기란 여간 어렵지 않다. 하물며 외동아들이라면 거의 기적이나 다름없는 일이라고 생각하는 사람도 많을 것이다.

그런데 직접 아이들을 관찰했더니 전혀 예상치 못한 결과가 나왔다. 여자 친구가 있는 중고생에게 물었더니 "여자아이의 이야기를 듣는 것이 크게 힘들지 않다"고 대답했다. 이렇게 답한 아이들 중에는 유독 외동아들이 많았다. 이유를 묻자 "평소 시끄러운 엄마의 잔소리에 익숙하기 때문이다"라고 대답했다.

그리고 보면 이제껏 만나본 부모들 가운데 여자 친구가 있는 아이의 엄마가 의외로 잔소리가 심했다.

반항기가 시작되기 전, 아이와 자주 이야기를 나누고 잘 듣는 습관을 들이면 장차 세대교체가 한결 수월한지 모른다. 여성과 대화를 나눌 때 가장 중요한 '잘 들어주는' 습관이 몸에 배기 때문이다.

말씨가 부드럽고 재치가 넘친다면 세대교체의 가능성은 더욱 높아진다.

말 잘하는 아이로 키우려면 어떻게 해야 할까? 처음에는 서툴더라도 인내심을 갖고 아이 말을 경청하고 가능한 한 아이가 말을 쉽게 꺼내고 말을 많이 하도록 엄마가 의식적으로 노력해야 한다.

말하자면, 남자아이는 엄마와 대화를 통해 남녀대화의 기본을 익히기 때문에 무엇보다 모자 간의 자연스러운 의사소통이 중요하다.

달리 말하면, 엄마와 아이가 함께 국어력을 기르기 위해 노력하는 일이나 다름없다. 물론 이 같은 방법은 아이가 부모 말을 잘 따르는 반항기 이전에 해두지 않으면 효과를 보기 어렵다.

✱ 집안일 잘하는 남자로 키우자

인기 있는 남자 이야기는 이쯤하고 이번에는 결혼에는 성공했지만 여성에게 외면 받은 남자에 대해 이야기해보자. 여성의 영향력이 커진 미래사회에서 과연 어떤 남성이 외면 받는지 생각해보려고 한다.

최근 이혼하는 사람이 점점 늘고 있지만 내가 보기에 상대방의 외도가 아닌 다른 이유로 이혼당하는 남성들의 공통점은 대부분 집안일을 하지 못한다는 사실이다. 소위, 마마보이라 불리는 이들은 하나부터 열까지 부모의 지극한 보살핌을 받으며 살아왔다.

요즘 여성들은 당당히 자립해서 자신의 일을 하고 있다. 남의 뒤치다꺼리를 할 생각은 추호도 없다고 생각해야 한다.

그런 여성들도 내 아이라면 지극정성으로 보살핀다. 그래서는 평생 자립심을 기를 수 없다. 게다가 앞으로는 집안일을 거들지 않는 남성은 배우자로서 인정받지 못한다. 집안일을 하지 않는 남성은 버림받을 가능성이 높다.

집안일에는 청소, 빨래, 요리, 비품조달, 쓰레기 처리 등이 있다. 이중 일부를 돕게 하고 바쁠 때에는 아이 혼자서도 할 수 있도록 가르친다. 요일을 정해놓고 알아서 척척하게 된다면 대성공이다.

자신의 일은 스스로 하게끔 하자. 특히, 욕실, 화장실, 세면대, 주방, 거실 등 다른 가족과 공유하는 장소는 깨끗이 사용하는 습관을 들인다.

최근 '육아남'이라는 말이 유행하는 것처럼 남자도 육아를 거들지 않으면 안 된다. 동생과 잘 놀아주는지, 다른 아이를 예뻐하는지, 자기보다 어린 아이를 잘 보살피는지 등을 유심히 살피자. 또는 어린아이를 만난 후에 "그 아이, 참 귀엽더라"라든지

"진짜 재미있는 아이였지?"라고 강조하고 자신보다 나이어린 아이를 보살피는 마음을 길러주자.

아이가 어릴 때는 한시도 눈을 뗄 수 없기 때문에 엄마 혼자서 아이를 돌보는 것은 쉽지 않다. 더군다나 남자아이를 키우면서 바로 밑에는 젖먹이 동생까지 있다면 누군가의 도움 없이는 과로든 우울증으로든 쓰러지고 말 것이다. 그리고 그런 상황에 아내를 도와줄 생각조차 않는 남편은 아내의 분노와 원망을 사기도 한다.

아이를 상대하는 능력은 매우 중요하다. 이제는 남자들도 그런 능력을 반드시 갖추어야 한다.

요컨대 가사와 육아를 돕는 남자는 이혼당하지 않는다. 하지만 요즘 여성들의 이야기를 들어보면 그런 건 기본이라고 생각하는 듯하다. 무슨 말인가 하면, '집안일이든 육아든 부탁을 들어주는 것은 당연하다, 말하기 전에 알아서 해야 한다'는 뜻이다. 세상이 갈수록 남성에게 엄격해지고 있는 듯하다.

결국 필요한 건, 눈치껏 알아서 하는 습관이다. 아이가 많지 않은 가정에서 하나부터 열까지 엄마가 다 해주다 보면 반항기에도 좀처럼 자립하기 어렵다. 그렇다고 시켜서 하는 것은 전혀

아들 열 살이 되면 교육법을 바꿔라

다른 문제이다. 아이가 자발적으로 행동하게 하려면 스스로 깨닫고 행동했을 때 크게 칭찬해주는 습관이 필요하다.

예를 들면, 비 오는 날 신발이 흠뻑 젖어서 돌아온 엄마를 보고 현관에 수건을 가져다주는 일이다.

"고마워, 자상하기도 하지. 휴, 정말 도움이 됐어!"

행운이든 우연이든 이런 일이 일어난다면 아이의 머리를 쓰다듬으며 크게 칭찬하자.

그런데 만약 "엄마, 비가 올 것 같아서 빨래 걷었어"라는 말이라도 하는 날에는 맛있는 음식을 잔뜩 만들어주자.

어쨌든 그런 날이 오면 크게 칭찬하고 칭찬은 아이의 뇌에 도파민(뇌내 쾌감물질)을 분비시켜 그날 일에 대한 강한 인상을 갖게 된다.

✳ 공부는 못해도 바보소리는 듣지 않게 키우자

다음으로 여성에게 도외시당하는 유형은 바보 같은 남성이다. '바보'라고 해도 머리가 나쁘다거나 공부를 못한다는 것이 아니라 칠칠치 못한 남자를 말한다. 여기서 말하는 '칠칠치 못한 남자'는 같은 실패를 거듭하는 유형의 남자이다. 반성하지 않는 유형이라고 바꿔 말할 수 있다.

그런 남자로 키우지 않으려면 아이가 나쁜 행동이나 실패를 했을 때 그 기회를 놓치지 않고 엄하게 꾸짖고 다시는 되풀이하지 않도록 분명하게 약속을 받는다. 버릇처럼 부모가 뒷수습을 해주면 무의식중에 어떻게든 될 것이라는 생각에 반성하지 않고 스스로에게 관대한 남자가 되고 만다.

거듭 말하지만 남자는 실패를 거듭하며 성장하는 동물이다. 하지만 같은 실패를 반복하는 남자는 어디서도 환영받지 못한다. 한두 번이라면 그러려니 해도 몇 번이고 같은 실패를 되풀이한다면 누가 봐도 바보로 보일 것이다.

'다시는 같은 실수를 반복하지 않을 테다!'

다부지게 마음먹지 못하고 멍하니 있을 뿐이다.

이런 마음가짐은 악습을 끊지 못하는 원인이 되기도 한다. 거짓말을 하는 것이 대표적이다. 그 밖에도 음주, 도박, 낭비, 여성 편력 등의 온갖 악습을 절제하지 못하는 경우가 많다.

장시간 게임을 하는 것은 아이에게 좋지 않지만 대부분의 부모가 자신들도 모르게 용인하고 있다. 중독성이 강하다고 생각된다면 아이에게 충분히 설명하고 지나치게 빠지지 않도록 주의를 주어야 한다.

여성은 그런 남자와 평생을 함께 할 의미를 찾지 못하고 끝내 이혼을 선택할 가능성이 높다.

✱ 자상한 아이로 키우자

미래사회에서 여성에게 버림받지 않을 유형의 남자는 과연 어떤 남자들일까?

앞서 아이를 인기남으로 키우는 방법에서 다뤘던 뛰어난 대화 능력도 중요하다. 하지만 말을 잘하는 것만으로 다른 모든 결점을 덮기에는 한계가 있다.

여성에게 버림받지 않는다는 것은 꾸준히 사랑받는다는 뜻이다. 다소 소극적인 표현이기는 하지만 여성에게 자상하다고도 말할 수 있다. 즉, 여성의 마음을 헤아리는 것이다.

남녀관계는 서로의 마음을 주고받으며 지속된다. 상대의 입장이나 상황을 이해하고 상대가 나고 자란 환경을 이해한다. 그리고 그 모든 것을 받아들인다. 즉, 상대를 사랑할 수 있다. 더 적극적으로 말하면, 상대를 사랑할 능력이 있다. 자신에게만 국한되지 않는다. 세상 사람들에게 따뜻한 마음을 품는다. 같은 생물로서 타자의 존재를 존중하는 사람. 이런 사람을 버리는 것은 자신의 인간성과도 관련되기 때문에 여간 어려운 일이 아니다.

아이에게는 평소 다른 사람을 배려하는 소중한 마음을 가르쳐주는 것이 좋다. 사람은 혼자서는 살아갈 수 없다는 것, 어떤 형태로든 주변 사람들의 존재로 인해 자신이 살아가고 있다는 사실을 알았으면 한다.

남의 고통을 모르는 사람을 두고 떠날 수는 있어도 남의 고통을 이해하는 사람을 떠나기는 쉽지 않은 일이다. 따뜻한 마음과 배려의 소중함을 가르치는 것은 다른 누구도 아닌 엄마의 가장 중요한 역할이다.

✳ 장차 넷 이상의 아이를 낳자?

여성과 대화하고 가사와 육아에 참가하며 악습을 끊는 능력과 남을 배려하는 따뜻한 마음은 모두 가정에서 배우고 익혀야지 학교나 사회에서는 가르쳐주지 않는다.

그리고 이런 것들을 갖추면 세대교체의 가능성은 크게 높아진다. 말하자면, 아이의 세대교체는 부모가 결정하는 것이다.

나는 평소 연속수업을 시작하기에 앞서 아이들에게 '조건'을 제시한다. 조건은 두 가지로, 하나는 '장차 네 명 이상의 아이를 낳으려고 노력할 것'이다. 물론 절반은 농담이지만 '낳을 것'이 아니라 '낳으려고 노력할 것'이라고 한 점에 주의하자.

실은 이 조건은 오랫동안 교육환경설계사로 일하면서 얻은 경험, 말하자면 '형제자매가 있는 아이는 집단 내에서 조화를 유지하고 순조롭게 성장한다'고 하는 관찰에서 비롯한다. 즉, 형이나 동생 그리고 누나나 여동생이 있는 아이는 건강하고 씩씩하게 자란다는 것이다. 저출산 문제가 불거지기 이전의 가족구성은 거의 그런 식이었다.

가족 내에 동성의 형제가 있으면 '나는 이런데 형은 저렇다, 형도 그렇고 나도 그렇다, 형은 이렇지 않은데 나는 이렇다'는 식으로 동성의 인간과 비교를 통해 자기객관화의 기반을 다지게 된다.

한편, 여자형제가 있으면 '같은 부모에게서 태어났지만 성이 다르다는 이유만으로 생김새가 전혀 다르다'는 것을 이해한다. 거꾸로 말하면, 자신의 특징을 쉽게 파악할 수 있게 된다.

자, 그럼 아이를 넷 이상 낳을 경우를 모의 실험해보면 대략 30

세까지 둘을 낳고 30세가 지나서 둘을 더 낳으면 된다. 30세까지 아이 둘을 낳으려면 27세까지는 결혼을 해야 하기 때문에 요즘으로 치면 비교적 빨리 결혼을 생각해야 한다. 그러기 위해서는 일찍부터 자연스럽게 이성교제를 할 수 있어야 한다.

아이 둘을 키우는 가정의 가계형편은 빠듯하다. 보통 외곽 도시에서는 집세 외에도 한 달이면 30만 엔 이상의 지출이 필요하다.

유치원에 다니다 초등학교에 입학하면 교육비 부담은 더욱 심해진다. 또 아이가 둘이면 집에서 일을 하든지 조부모가 함께 살면서 아이를 돌봐주지 않는 한 맞벌이도 어렵다. 아이를 더 낳으면 35세까지 연 수입 1000만 엔(한화로 약 1억 5000만 원 정도) 이상이 필요하지만 평범한 직장생활자들에게는 결코 무리다.

즉, 아이를 넷 이상 낳으려면 보통 직장이 아닌 고수익 전문직이거나 기업경영을 목표로 해야 한다. 거기에는 공부를 잘한다든지 머리가 좋다는 것 외에도 경험이 풍부한 인생을 살고 있는지도 깊은 영향을 미친다.

물론, 잘나가는 여성변호사와 결혼해 자신은 집에서 번역을 하면서 가사와 육아를 모두 책임지는 선택도 있을 수 있다. 하지만 그런 여성이 과연 아이를 넷씩이나 낳으려고 할까?

아들 열 살이 되면 교육법을 바꿔라

여하튼 아이를 넷 이상 낳는다고 가정하면, 지금껏 내가 이 책을 통해 이야기한 많은 것들이 필요해질 것이다.

다행히 아이를 넷 이상 낳았다고 치면 다음은 어떻게 될까? 여기서부터는 어디까지나 가정일 뿐이므로 반쯤 에누리해서 읽었으면 한다. 아이들이 커서 결혼을 하면 그 아이들에게도 아이를 넷 이상 낳게 하는 것이다. 그러면 단순계산으로도 손자가 10명 이상 생기는 셈이다. 그러면 역시 무리겠지만 그 손자들에게도 아이를 넷 이상 낳게 하면 50명이 넘는 증손자가 생기고 그 자손의 결혼상대자까지 합치면 자신이 세상을 떠났을 때에는 100명에 가까운 대가족의 선조가 되어있을 것이다.

이런 것이야말로 인생의 가장 단순하고 일반적인 '대성공'이라고 부를 수 있지 않을까?

역사상 모든 황실과 왕족이 바라온 일, 그것은 자손이 번성하는 것이었다. 이는 생물학자인 리처드 도킨스가 주장하는 '이기적 유전자'와도 합치되는 일이다. 동물계도 마찬가지이다. 그러므로 인생의 가장 단순하

고 일반적인 행복이란 수많은 세대교체를 이루어내는 것이라고 바꿔 말해도 과언이 아니다.

사실 나는 학생들이 무조건 자녀를 많이 낳기를 바라지 않는다. 하지만 수많은 가능성 중에서 자신이 적극적으로 관련될 가능성에 대해서는 미리 '상정'해 보는 것도 중요하다고 생각한다. 거기에는 인생의 단순한 행복의 방향성이 최대한 많은 세대교체를 이루는 것이라는 사실을 한번쯤 생각하게 할 필요가 있다고 주장한다.

자신이 부모가 되는 것, 심지어 의외로 많은 아이들의 부모가 될 가능성이 있다는 것, 그런 생각을 심어주는 것이 아이에게는 매우 소중하고 의미 있는 일이다.

아이들은 이렇게 엉뚱하기 그지없는 나의 제안을 어안이 벙벙하다는 듯 웃으면서 받아들였다. '낳으려고 노력하는 것'쯤 문제없다고 생각한 것이다.

두 번째 조건도 아이들에게는 한바탕 '웃음거리'이다.

나는 아이들에게 물었다. "너희가 지금 열 살이라고 하면 장차 열 살 이상 나이 차이가 나는 사람과 결혼할 가능성이 있다고 생

아들 열 살이 되면 교육법을 바꿔라

각하니?"

"가능성은 있겠지만 아마 그럴 일은 없을 거라고 생각해요."

"그러면 미래에 너희와 결혼할 예정인 여자아이는 벌써 세상에 태어나서 이 지구상 어딘가를 걷고 있겠구나. 그곳이 일본이든 중국이든 혹은 아시아든 유럽이든 미국이든 다른 어떤 나라일지는 모르겠지만 그 아이는 이미 어딘가에서 태어나 살아가고 있을 거야.

선생님 이야기 좀 들어볼래? 아까 한 약속대로라면 우리는 아니 너희는 그 여자아이와 결혼해서 아이를 넷 이상 낳아야겠지? 뭐라고? 처음부터 넷을 낳자고 하면 머리가 어떻게 된 거 아니냐며 도망갈 테니 일단 서른살까지 둘을 낳고 괜찮으면 나중에 둘 더 낳자고? 그거 좋은 생각이구나.

너희 알고 있니? 우리 남자들은 신체적 결함이 있단다. 임신할 수 없다는 사실이야. 자신의 뱃속에서 새 생명이 잉태되고 열 달 후면 몸 밖으로 나온다는 건 상상만 해도 식은땀이 나는 연약한 남자들에게는 도저히 무리야. 그런 것은 강한 여성들에게 맡길 수밖에 없단다.

남자가 임신을 못하는 이상, 행복한 미래를 보증하는 세대교체를 위해 어떻게든 여성들이 아이를 낳아주기를 바라는 수밖에 없지. 그러니 언젠가 그 여성과 만나면 너희는 너희와 결혼하는 것이 얼마나 좋은 일인지를 그녀에게 설득해야만 한단다. 나는 하고 싶은 일이 있고 유능하며 남을 배려하는 마음과 의사소통 능력을 갖추고 집안일도 잘한다. 언젠가 너를 만났을 때 부끄럽지 않은 남자가 되기 위해 꾸준히 갈고 닦아왔다고 말해야 한다.

그러니 방심하지 말고 긴장해라! 언젠가 자신과 결혼할 여성이 벌써 이 세상 어딘가를 걷고 있다는 것을 상상하고 그 사람을 만났을 때 부끄럽지 않은 남자가 되어야 해."

반대하는 학생은 이번에도 단 한 명도 없었다.

그렇게 학생들은 장차 네 명 이상의 아이를 키우는 부모가 되려고 노력할 것, 그 아이들의 엄마가 되어 줄 여성의 존재를 의식하고 부끄럽지 않은 인간으로 살아갈 것을 마음에 새겼다.

❋ 싫증나지 않는 사람이 되려면

이번에는 아이가 커서 둥지를 떠난 후에는 어떻게 될지 생각해보기로 하자.

세대교체를 하고 그 아이가 어른이 되면 과연 어떤 일이 일어날까? 앞으로 하는 이야기는 지금 이 책을 읽고 있는 당신의 미래에 관한 일이기도 하다.

아이가 커서 부모 품을 떠나면 남편과의 관계는 어떻게 될까?

육아가 끝난 후에도 아직 40년 남짓한 인생이 남아있다. 다시금 부부가 함께 사는 이유를 확인할 기회가 온 것이다. 아마 들여다보면 다양한 이유가 있을 것이다.

쓸쓸하지 않아서. 즐거우니까. 편하니까.

이런 생각에는 개개인의 인간성이 뿌리내리고 있다. 하지만 나는 인간성 외에도 '싫증나지 않는다'는 생각도 있으리라고 여긴다. 보통 금방 잊어버리기 쉬운 관점이지만 나는 상당히 중요하다고 생각한다.

싫증나지 않는 이유는 두 가지가 있다. 예를 들어, 우리는 매일 쌀이나 빵을 먹어도 물리지 않는다. 물론 사람에 따라 다르기는 하지만 매일 외식을 하고 피자나 라면 등의 똑같은 음식을 계속 먹을 수는 없다. 초밥이나 장어도 마찬가지이다. 이는 쌀이나 빵이 주식으로 자신의 생활과 일체화되고 완전히 생활의 일부가 되었기 때문이다.

또 한 가지, 싫증나지 않는 이유로 늘 신선한 느낌이 든다는 것이다. 신선한 것은 생활에 활력과 에너지를 불어넣는다.

싫증난다는 것은 같은 일을 되풀이해서 더 이상 재미있지 않다는 뜻이기도 하다. 이는 앞에서도 이야기했지만 끊임없이 자신이 하고 싶은 일, 열중할 수 있는 일을 찾아내는 일이다. 그리고 항상 본인이 신선한 기분을 잊지 않고 주변 세상을 관찰하는 일이다. 거기서 얻은 화제를 바탕으로 늘 상대가 재미있어할 이야기를 준비하는 것이다. 이런 일은 남들을 싫증나게 만들지 않고 싫증내지 않는 의식의 중심에 있다고 생각한다.

싫증내지 않는 능력도 물론 중요하지만 싫증나지 않게 하는 능력도 못지않게 중요하다.

"당신은 상대가 싫증내지 않게끔 노력하는가?"

이렇게 물으면 여성들 대부분은 시선을 떨어뜨릴 것이다. 하지만 남자들에게 "여성이 싫증내지 않게끔 노력하는가?"라고 물으면 예상 외로 많은 사람이 다소나마 그런 노력을 하고 있다고 대답한다. 결혼 후에도 이런 마음가짐을 잊지 않았으면 한다. 상대를 싫증나지 않게 하는 능력과 그 관점은 앞으로 점점 더 중요

아들 열 살이 되면 교육법을 바꿔라

해질 것이다.

아이는 아무리 보고 있어도 질리지 않는다. 끊임없이 새로운 일을 벌이기 때문이다. 아이가 어른이 된 후에도 이런 능력이 조금이나마 남아있도록 키우고 싶다.

상대를 싫증나지 않게 하는 능력이란 뭐든 한 가지 일에 열중하거나 잇달아 새로운 일을 시도하는 능력이라고 바꿔 말할 수 있다. 그리고 그런 능력은 어른이 되기 전에 미리 길러야 비로소 완성된다.

말하자면, 고령화를 맞은 미래의 교육은 60세 이후의 취미까지 생각하지 않으면 안 된다.

좋은 취미는 그 사람의 품격을 높인다. 음악이 대표적이다. 악기 한 가지쯤 다룰 줄 알고 악보를 읽을 수 있으면 나이 들어도 다양한 동호회에 참가할 수 있다. 다도나 꽃꽂이와 같은 전통적인 취미도 마찬가지이다.

요리나 원예는 세월이 흘러도 변함없이 좋은 취미이다. 만약 나이 들어서 남아도는 시간을 주체하지 못하는 사람이라면 틀림없이 집에서 빈둥거리며 텔레비전을 보거나 신문을 읽고 자칫 술에 빠질지도 모른다. 그런 사람과 30년을 함께 살 수 있을까?

반대로, 집안일을 해놓고 도서관에 가서 공부를 한다. 돌아오는 길에는 장을 봐서 저녁준비를 하고 주말에는 하이킹을 한다. 배우자와도 신문이나 잡지 따위가 아닌 스스로 관찰하고 체험한 신선한 화제를 제시하고 상대의 이야기에도 귀를 기울인다. 그런 상대라면 가벼운 식사 초대에도 선선히 응할 것이다.

이때 여성인 배우자도 개인적인 취미나 활동이 많은 것은 상상하기 어렵지 않다.

즉, 함께 있으면 재미있고 질리지 않는다. 만사 제쳐놓고 취미생활에만 빠지면 곤란하겠지만 취미가 없는 사람은 다른 사람을 싫증나게 할 뿐 아니라 교제범위도 좁아진다. 취미는 대인교제에도 빠지지 않는다.

취미에 대해 깊이 생각하는 습관은 어른이 되기 전에 들여야한다. 이는 앞서 이야기한 '하고 싶은 일이 있다'와 이어진다. 인간의 행복은 하고 싶은 일을 하는 데 있지만 하고 싶은 일을 스스로 찾아내지 못하면 행복은 멀어진다.

✽ 아이를 키우는 것은 사회에 이바지하는 일이다

마지막으로, 다른 사람에게 도움이 되는 일에 대해서이다.

아들 열 살이 되면 교육법을 바꿔라

최근 대뇌연구에 의하면, 뇌내 쾌감물질인 도파민이 분비되는 것은 명상과 같은 신체적인 쾌감 외에도 자신이 하고 싶은 일에 열중할 때, 남에게 인정받고 칭찬받을 때에도 분비된다고 한다.

남에게 칭찬받는 것은 그 사람이 지닌 기능을 발휘해서 감동을 준다거나 남을 위해 한 일로 깊은 감사를 받을 때라고 생각한다. 박수갈채는 아니지만 남에게 극찬을 받을 때 인간의 뇌에는 쾌감물질이 샘솟는다.

행복한 인생의 결정판, 그것은 남을 위해 활동하고 남에게 기쁨을 주는 것이다. 예술 활동이 그 상징이다. 인간의 쾌감은 자기 혼자만 느끼는 것이 아니다. 타인이 함께 기뻐해주지 않으면 진정한 쾌감을 얻을 수 없다.

이러한 쾌감이야말로 가장 높은 차원의 쾌감으로, 이 쾌감이 계속된다면 인생은 최고로 행복할 것이다. 세대교체를 하지 않아도 쾌감이 있다. 콜카타의 테레사 수녀가 그 상징이다. 남을 돕고 기쁨을 주기 때문에 애써 자기 존재를 확인하지 않아도 된다.

보통 인간이 세상에 이바지하는 최선의 방법은 세대교체를 하는 것이다. 인류존속에 이바지하는 것이다. 이것은 거의 모든 사람이 바라고 또 가능한 인간적 영위이다. 하지만 그것은 세상을 위해 더 구체적으로 말하면, 미래사회의 지속을 위한 일이다. 아이를 키우는 것은 실로 타자를 위한 활동이나 다름없다. 아이를 키우는 진정한 목적은 사회에 이바지하기 위해서이다.

이 책에서는 '주체성'의 소중함에 대해 이야기했다. 하지만 그 주체성은 타자의 존재를 존중함으로써 얻을 수 있다. 자신의 주체성은 타자의 주체성을 인정하지 않으면 성립하지 않기 때문이다.

식물, 동물, 인간계가 복잡하게 뒤얽힌 모든 존재의 전체상과 그 주체성, 자신이 그것을 위해 존재하는 것을 의식하고 활동할 때 그 사람의 삶은 눈부신 빛을 발한다. 그 상징이라고도 할 수 있는 육아의 중요성을 우리 모두는 의식할 필요가 있다.

반항기를 극복하는 열두 가지 제안

- **첫째**
  기본은 지켜보는 자세. 이해하지 못하는 것이 당연하다고 생각하자.
- **둘째**
  이야기한다고 다 아는 것은 아니다. 끈질기게 묻지 말자.
- **셋째**
  대답을 들으려고 애쓰지 말자.
- **넷째**
  "시끄러워" 등의 반항기의 우발적 폭언을 너무 마음에 담지 말자.
- **다섯째**
  늘 마음을 쓰고 있다는 메시지를 잊지 말자.
- **여섯째**
  사생활을 침해하지 않는다. 휴대전화를 훔쳐보거나 가방 또는 책
  상서랍을 함부로 열지 않는다.
- **일곱째**
  긁어 부스럼으로 여기지 말자.
- **여덟째**
  성적인 변화에 과잉반응하지 말자.
- **아홉째**
  전전긍긍하지 말자. 의연한 태도를 갖자.
- **열째**
  부모 이외의 어른 친구를 만들자.
- **열한째**
  자기 방을 만들어주자. 단, 반드시 거실을 통해야 한다.
- **열두째**
  아이에게 독립적인 시간을 주자.

아들 열 살이 되면 교육법을 바꿔라

초판 1쇄 | 2012년 7월 20일

지은이 | 마쓰나가 노부후미
옮긴이 | 김효진

발행인 | 김우석
제작총괄 | 손장환
편집장 | 원미선
책임편집 | 문준식
디자인 | 디자인봄
일러스트 | 김홍
제작 | 김훈일 임정호
저작권 | 안수진
마케팅 | 공태훈 김동현 신영병 김용호 이진규
홍보 | 이수현

펴낸곳 | 중앙북스(주) www.joongangbooks.co.kr
등록 | 2007년 2월 13일 제2-4561호
주소 | (100-732) 서울시 중구 순화동 2-6번지
구입문의 | 1588-0950
내용문의 | (02)2000-6084
팩스 | (02)2000-6174

ⓒ마쓰나가 노부후미, 2011

ISBN 978-89-278-0349-2   03590